前言

如何才能过上幸福的生活？

阿德勒生于19世纪后半叶，是一位活跃于20世纪的心理学家。他与弗洛伊德、荣格并称为"深层心理学的三大巨头"。与其他两位心理学家相比，或许他的知名度稍低，但是近年来阿德勒心理学备受瞩目，学习阿德勒心理学的人在不断增加。

阿德勒心理学与弗洛伊德、荣格等心理学家所提倡的"治疗患者的心理学"有所不同，它被称为"帮助健康个体成长的教育心理学"。弗洛伊德、荣格关注的重点是个体深层心理方面，而阿德勒却看到了人际关系的重要性。阿德勒拟通过改变人们的沟通方式，从而改善人们的症状，解决人们面对的各种问题。或许可以这样说：阿德勒心理学并不是一门将负数变为零的心理学，而是要创造出更大的正数的健康心理学。

许多抱有烦恼和各种问题的人都非常想知道：那么应该

怎么做呢？

本书使用了许多插图，通过当今社会的公司职员、家庭主妇、学生在日常生活中遇见的实例来阐述阿德勒的相关思想和观点。由于本书结合实际情况进行具体分析，因而相关内容会一目了然、通俗易懂。本书在展示不好的例子的同时，也会展示一些"如果这样做的话，会得到相应改善"的例子。

因局限于消极思维，不知所措，裹足不前；自我肯定感低，总是没有自信；认为自己不善于人际交往，人际交往总是不顺……如果您属于这样一类群体，请一定通过本书来学习阿德勒心理学。如果本书能帮助您解决一些问题，并让您从此改变自己，我将倍感荣幸！

小仓广

阿德勒

序言一

阿德勒简介

与弗洛伊德、荣格并称为"深层心理学的三大巨头"之一的阿德勒，到底是怎样的一个人？

阿尔弗雷德·阿德勒

1870年阿德勒出生于奥地利，因确立"个体心理学"而著称，是20世纪具有代表性的心理学家之一。阿德勒认为人的烦恼来自人际关系，因此他将焦点瞄准建立良好人际关系的心理疗法，认为思考问题不应执着于过去和原因，而应面向现在和未来。

阿德勒与弗洛伊德、荣格是生活于同一个时代的人，其三人并称为"深层心理学的三大巨头"。但阿德勒与开创了精神分析学派的弗洛伊德及其弟子荣格的思想有着诸多不同，虽然阿德勒也曾赞同弗洛伊德的观点，但他最终还是走向了另外一条道路。

当过眼科医生和内科医生的阿德勒最后成为一名精神科医生。之后作为心理学家的阿德勒威望日渐高涨,开始到处举办各种演讲。虽然他赫赫有名,但仍与普通人展开交谈和对话,对人们应如何生活这一课题进行了坚持不懈的探索。

序言二

什么是阿德勒思想？

阿德勒心理学也受到了众多商业人士的关注。人们学习他的思想的真正目的究竟是什么呢？

序言三

学习阿德勒心理学会取得怎样的效果?

对于那些苦恼于消极思维和非建设性思维的人来说,学习阿德勒心理学非常有益。

目录

前言
如何才能过上幸福的生活? ······ 2

序言一
阿德勒简介 ······ 4

序言二
什么是阿德勒思想? ······ 6

序言三
学习阿德勒心理学会取得
怎样的效果? ······ 8

Chapter 01
第1章
阿德勒心理学的基本理念

01 学习阿德勒心理学的目的是什么?
共同体感觉 ······ 18

02 什么是建立共同体感觉的手段——"激发勇气"?
激发勇气 ······ 20

03 什么是阿德勒心理学的"五大前提"?
五大前提 ······ 22

04 五大前提之一:
自我决定性
自我决定性 ······ 24

05 五大前提之二:
目的论
目的论 ······ 26

06 五大前提之三:
整体论
整体论 ······ 28

07 五大前提之四:
人际关系论
人际关系论 ······ 30

08 五大前提之五:
认知论
认知论 ······ 32

09 与弗洛伊德心理学的区别在哪里?
弗洛伊德心理学 ······ 34

专栏 01
阿德勒的一生①
一名在富裕家庭中自由成长的
心理学家 ······ 36

用语解说 ······ 37

Chapter 02
第 2 章
"心"陷入负面循环的机制

01 精神健康的必要条件
精神健康 ··· 40

02 一切行为皆有目的，其目萌生出感情
萌生出感情 ··· 42

03 感情的作用和目的是什么？
理解感情 ··· 44

04 "乐天主义"和"乐观主义"的区别在哪里？
乐天主义和乐观主义 ··· 46

05 自卑性、自卑感和自卑情结的区别
自卑情结 ··· 48

06 什么是基本错误？
基本错误 ··· 50

07 人为什么无法客观地看待事物？
认知 ··· 52

08 要想不生气，就要知道愤怒产生的机制
愤怒的根源 ··· 54

09 过于追究原因就会陷入负面循环
原因论 ··· 56

10 难道"烦恼"会在无意识中助长自我合理化？
自我合理化 ··· 58

专栏 02
阿德勒的一生②
跨越婚姻危机，深爱一位女性 ··· 60

用语解说 ··· 61

Chapter 03
第 3 章
"积极自我"的打造方法

01 培养建设性思维，摆脱偏执
建设性的人 ··· 64

02 如何让自己的思维不受"主观臆断"的控制？
个人理论 ··· 66

| 03 | 如何才能形成"共通感觉"？
共通感觉……………………68

| 04 | 应将进步胜于完美设定为目标
进步胜于完美……………………70

| 05 | 谁都会有自卑感，要将其转变为成长的动力
追求优越感……………………72

| 06 | 挫折和失败是成长的必经之路，如何才能不害怕挑战？
失败是成长的必经之路………74

| 07 | 理想终归只是理想，与现实差别巨大
理想和现实……………………76

| 08 | 即便被讨厌也没关系
成见……………………78

| 09 | "不喜欢的交往类型"仅仅只是一种偏见？
偏见……………………80

| 10 | 要接近理想中的自己，就要从改变心中描绘的自我形象开始
自我对话……………………82

| 11 | 任何时候谁都能够改变自己的性格
生活风格……………………84

专栏 03 -------------------------
阿德勒的一生③
眼科医生的从医经历让他立志当一名心理学家……………………86

用语解说……………………87

Chapter 04
第4章
改善"人际关系"的方法

| 01 | 什么是培育良好人际关系的"横向视线"？
横向视线……………………90

| 02 | 即便是上下级关系，相互尊敬也必不可少
尊敬对方……………………92

| 03 | "信赖"和"信用"的区别是什么？
信赖和信用……………………94

| 04 | "同感"和"同情"的区别是什么？
同感和同情……………………96

| 05 | 会听话的人善于交流
说话时间和听话时间的比例……98

| 06 | 区分"自己的课题"和"别人的课题"
课题分离 ·············· 100

| 07 | 课题分离之后,开创共同课题吧!
共同课题 ·············· 102

| 08 | 要保持宽容,避免成见
善恶判断 ·············· 104

| 09 | 巧妙地表达自我主张的方法
表达自我主张 ·············· 106

| 10 | 正确的责任承担方法
责任承担方法 ·············· 108

专栏 04 --------------------------
阿德勒的一生④
为了工作减少睡眠时间,
走遍世界各地 ·············· 110

用语解说 ·············· 111

Chapter 05
第 5 章
促使人高效工作的方法

| 01 | 人际关系的奥义在于不远不近的距离感
适度距离 ·············· 114

| 02 | 糟糕的不是"人",而是非建设性"行为"
人和行为 ·············· 116

| 03 | 不去审判、惩罚对方,改变自己才是一种建设性的做法
改变自己 ·············· 118

| 04 | 让人发生改变的是理性和对话,并非感情
外部因果律 ·············· 120

| 05 | 拥有不惧怕失败、不责备、承认不完美的勇气
重构 ·············· 122

| 06 | 关注对方想说的,而非自己想知道的
对方的兴趣点 ·············· 124

| 07 | 别人的心情是无法理解的!
无法理解和理解 ·············· 126

| 08 | 试着换用"铺垫语"
铺垫语 ·············· 128

| 09 | 朝对方的接球手套里投出信息
受体 ·············· 130

| 10 | 避开使用"你(你们)和信息",改用"我(我们)和信息"
我(我们)和信息 ·············· 132

13

11 掌握不让对方产生厌恶情绪的正确拒绝方式
"谢谢""但是""不，谢谢" … 134

专栏 05
阿德勒的一生⑤
阿德勒和弗洛伊德曾为共同研究者，但因意见不合而分道扬镳 … 136

用语解说 … 137

Chapter 06
第 6 章
营造健全"家庭环境"的方法

01 生活风格（性格）的 3 个构成要素
自我概念、对世界的认识、自我理想 … 140

02 生活风格的形成很大程度上受到家庭的影响
3 个影响因素 … 142

03 手足之间的关系比亲子关系的影响力更大
家族配置 … 144

04 孩子如何对自己定位取决于父母对待孩子的方式
对待孩子的方式 … 146

05 什么是教育中重要的 4 个方面？
4 个方面 … 148

06 因出生顺序不同，性格会出现巨大差异
手足之间的人际关系 … 150

07 因出生顺序不同，行为类型会出现不同倾向
因出生顺序不同，容易形成不同的行为类型 … 152

08 家庭环境对孩子的性格形成具有影响力
各种各样的家庭环境 … 154

09 怎样才能营造出宽松自由的家庭氛围？
应对的姿态 … 156

10 营造宽松自由的家庭氛围的禁忌
不理想的家庭环境 … 158

专栏 06
阿德勒的一生⑥
不仅对全世界的人们，对自己的女儿也产生了影响 … 160

用语解说 … 161

Chapter 07
第 7 章
让"人生"变得更丰富的方法

01 什么是作为生存指标的人生三大课题？
　　三大课题 ················ 164

02 三大课题之一：
　　工作的课题
　　工作的课题 ················ 166

03 三大课题之二：
　　交友的课题
　　交友的课题 ················ 168

04 三大课题之三：
　　爱的课题
　　爱的课题 ················ 170

05 要达成三大课题，
　　"共同体感觉"必不可少
　　朝着课题达成的目标 ········ 172

06 激发自己和他人勇气的重要性
　　让自己的人生变得更加
　　丰富 ················ 174

07 语调和措辞中蕴含着激发夫妻间勇气的启示
　　友好合作的态度 ·········· 176

08 为什么即使对方出轨，也不能感情用事？
　　建设性的对话 ············ 178

09 "幸运"和"幸福"的区别
　　幸运和幸福 ················ 180

10 人最需要的是有归属感
　　归属感 ················ 182

专栏 07 -----------------------
阿德勒的一生⑦
一门不断与时俱进的学问 ········ 184

用语解说 ················ 185

结束语
让更多的人建立起"共同体感觉"，形成一个更大的环 ··········· 186

主要参考文献 ·············· 188

Chapter 01

图解阿德勒心理学

第1章

阿德勒心理学的基本理念

很多人都听说过"阿德勒心理学"。阿德勒被誉为"深层心理学的三大巨头"之一。阿德勒心理学是一门将阿尔弗雷德·阿德勒的思想进行体系化后形成的学问。本章将介绍阿德勒心理学的基本理念。

关键词 ➡ ☑ 共同体感觉

01 学习阿德勒心理学的目的是什么?

阿德勒心理学告诉我们幸福生活需要的是什么。

阿德勒心理学的最终目的是建立"共同体感觉"。"共同体感觉"是在家人、友人和职场等共同体当中的归属感、认同感、信赖感和贡献感的统称。内心充满这种感觉可以使人获得幸福,正是阿德勒心理学所追求的理想。阿德勒心理学实践是指如何去践行"共同体感觉"。

建立"共同体感觉"的最终目标

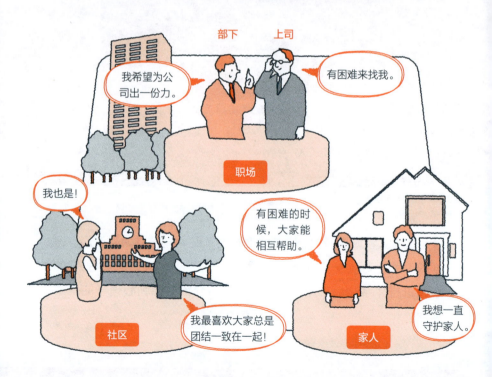

具体来说，"共同体感觉"是一种"我是共同体中的一员，共同体因我而变，我对共同体有用"的感觉。如果拥有"共同体感觉"，我们就能放下以自己为主体的想法，就会去关心更多的人。拥有多少"共同体感觉"也是反映我们的精神是否健康的晴雨表，它是阿德勒心理学的一个重要指标。

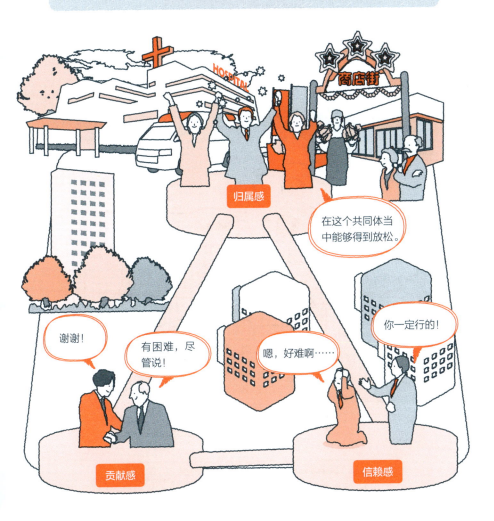

反映精神健康的晴雨表

关 键 词 ➡ ☑ 激发勇气

02 什么是建立共同体感觉的手段——"激发勇气"？

"激发勇气"给自己和他人带来克服困难的活力。通过不断激发勇气，我们可以培育出共同体感觉。

"激发勇气"是培育共同体感觉的一个方法，这里的勇气指的是克服人际关系困难的力量。谁都有自己的目标，为了实现目标而不断努力。因此，"激发勇气"既不是褒扬，也不是激励，而是帮助唤醒"对方依靠自己的力量""和同伴互帮互助""克服困难的活力"。

"激发勇气" 既不是褒扬， 也不是激励

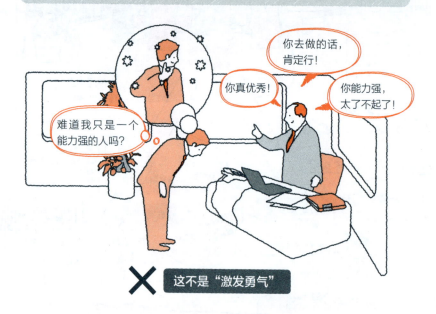

✗ 这不是"激发勇气"

这些话似乎会让部下很开心，但这种赞美方式不能称为"激发勇气"。

"激发勇气"既不是乐于助人，为其代劳或者过于干涉对方，也不是在对方有困难的时候视而不见或放任不管，而是由衷地相信对方的潜能和活力，帮助或影响对方将其发挥出来。

怎样才能让一个人相信自己的能力，在生活当中与同伴互帮互助？

关键词 ➡ ☑ 五大前提

03 什么是阿德勒心理学的"五大前提"?

"五大前提"是阿德勒心理学的实践基础,也是阿德勒理论的重要内容。

在建立"共同体感觉"和"激发勇气"的实践当中,"五大前提"是阿德勒心理学的基础,分别为:①认为命运由自己主宰的自我决定性;②行为和感情具有其目的而非原因的目的论;③意识和无意识不可分的整体论;④行为和感情需要对方存在的人际关系论;⑤人只凭主观看待事物的认知论。

要理解并活用阿德勒心理学,"五大前提"是首要因素。例如,"阿

阿德勒心理学的基本理念——"五大前提"

未来掌握在我的手中。

1. 自我决定性
自己的命运由自己决定

2. 目的论
有目的,才会有行动

德勒心理学运用目的论（而非原因论）去理解和活用一切"等相关内容的前提构成阿德勒心理学理论，它们是智慧。如果我们理解和活用这些理论，就能够面对日常生活中的困难和烦恼，更加乐享人生。

改变对事物的看法

关键词 ➡ ☑ 自我决定性

04 五大前提之一：自我决定性

人无法选择与生俱来的东西和环境，但是决定命运的不是环境，而是自己。

"自我决定性"是指认为自己的人生由自己决定。可能有的人将自己的遭遇归咎于自己所处的环境，但是阿德勒心理学并不这么认为。只有自己才能去应对自己所处的环境，所有的结果都因此而产生。

话虽如此，但有的人天生不具有优势，自己不能选择一些与生俱来

自己的不顺并不是由所处的环境造成的

果然我还是像我爸妈，脑子不聪明……

不该参加那么多的课外活动。

人总是会将失败和不幸归咎于环境。

的东西和成长环境。例如，体弱、幼年时期受到虐待等势必会对人的性格产生影响。但是，这些都只是影响因素，不是决定结果和行为的因素。

不做"命运的牺牲者"，要做"命运的主人公"

关键词 ➡ ☑ 目的论

05 五大前提之二：
目的论

即便我们总是寻找原因，也不会找到解决办法。人是一种着眼于未来且行动带有目的性的生物。

"目的论"是指人的行为不是因为受到过去某种原因的驱使，而是因为受到未来某一目标的吸引。人的各种行为和感情当中都包含了其不自觉的目标。阿德勒认为：如果人自己能够理解这一目标，并根据其采取相应的方法，那么就能够培养建设性思维，从而克服困难。这一主张与弗洛伊德主张的原因论性质完全相反。

不要一味地去寻找原因

好痛！

当在学校被欺负时

原因论
目的论

弗洛伊德的原因论认为：人的行为一定有其产生的原因。诸如，家长虐待孩子是因为自己曾受到过虐待，闭门不出是因为受到过欺负。这样去思考问题就是利用了原因论。这一理论可以用来解释一些现象，但不能解决问题。因此，阿德勒认为：我们要运用目的论去思考问题和选择相应的行为，因为这是一种具有建设性的解决问题的方法。

要解决问题，应面向未来

关键词 ➡ ☑ 整体论

06 五大前提之三：
整体论

例如"有意识和无意识"，思考问题不能将人的构成因素分割开来考虑。相悖的感情并不互相矛盾，所有的一切都相互联系。

"整体论"认为人的内心并不是相互矛盾的，理性和感情、内心和身体，所有的一切都是相互联系的一个整体。例如，"想放弃却无法放弃"这并不是一个内心产生的相互矛盾的想法，只是单纯地在表达不想放弃而已。正如汽车一样，虽然有油门和刹车两个功能相反的部件，目的地却常常只有一个；人看起来似乎很矛盾，但总是在朝着一个目的前进。

有意识和无意识是一个整体

感情和理性看起来似乎是独立、对立的，但两者作为一个整体共同朝向一个目的。

整体论认为理性和感情、内心和身体、有意识和无意识并不是矛盾对立的，而是不可分割、互为补充的。也就是说，"理性上明白，但感情上无法完全克制"这一辩解其实做出的选择是：辩解说要去努力，但其实并不会真正那样去做。

理性和感情不可分割

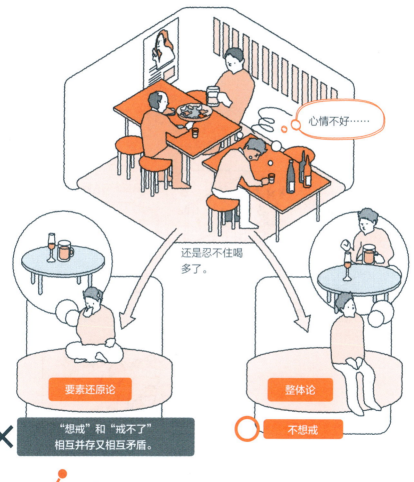

要点： "要素还原论"是一种将包括人在内的生物和物体的各种构成要素分割开来进行思考的思维方式。

关键词 ➡ ☑ 人际关系论

07 五大前提之四：人际关系论

人的行为离不开对方的存在，人的行为产生于人际关系当中，并相互影响。

"人际关系论"认为行为对象对人的各种行为产生作用。人会受到对方行为的影响，从而抱有某种感情，并产生某种行为；没有行为对象的存在，行为就无法进行。当然，我们自己对别人来说也是行为对象，彼此之间会相互影响。我们就是生存在这样的人际关系当中。

没有人与人之间的关系，就不会产生行为

家庭内的人际关系

希望得到赏识。

虽然在家里是一个好孩子……

想炫耀自己的厉害。

在学校里的人际关系

在学校是一个受欺负的孩子

对象不同，个体就会持有不同的感情和举止态度，任何人都是如此。要加深对对方的理解，就要理解其行为的目的，这才是一种有效的做法。不要试图去理解对方内心的想法，而是要去关注其行为的目的，这样我们就能够预测其在何种场合会采取何种行为，并做出应对。

01 阿德勒心理学的基本理念

关注不同对象的不同行为"目的"

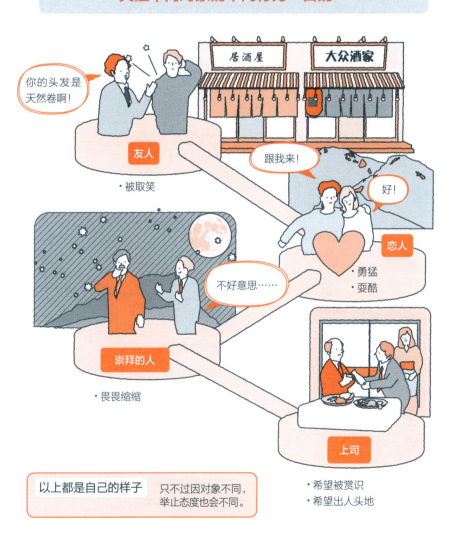

关键词 ➡ ☑ 认知论

五大前提之五：认知论

任何人都是戴着自己固有的有色眼镜看待事物的，但是这种看待事物的方法是可以改变的。

"认知论"认为人会主观地去认识各种事物，因此无法客观地把握事物的本来面貌。任何人都戴着固有的有色眼镜看待事物，按照自己理解的那样去理解事物，从而带有主观性色彩，客观把握事物只是自己的主观感觉而已。

任何人都按照自己理解的那样去理解事物

面对同样一头猪，每个人的感受都不一样。

因过去的体验和个人的喜好不同，每个人都戴着自己固有的有色眼镜，对事物的看法也不同。这种有色眼镜称为个人感觉（见第 50 页）、个人理论（见第 66 页）。错误的成见有时会导致我们无法采取建设性行为。但是，这种成见是可以改变的，从而防止我们陷入负面循环中。

每个人的感受都不一样

关键词 ➡ ☑ 弗洛伊德心理学

09 与弗洛伊德心理学的区别在哪里？

阿德勒与弗洛伊德生活在同一个时代，他提出的许多理论都与弗洛伊德理论相反。

　　心理学权威弗洛伊德与阿德勒曾为合作研究学者。但是，阿德勒心理学的"五大前提"与弗洛伊德的思想完全相反。弗洛伊德心理学认为应加深对于人的要素分割性、客观深层心理方面的理解，<u>阿德勒心理学则从"整体论"的角度将焦点对准作为主观存在的人际关系</u>。

阿德勒的许多思想与弗洛伊德不同

弗洛伊德心理学这样阐述："人的行为依照动物本能。"而阿德勒主张："行为背后的目的存在于社会和人际关系当中。"除此之外，与目的论相反，弗洛伊德心理学认为"人是多种要素的集合体"，将焦点对准人的行为背后的原因。

01 阿德勒心理学的基本理念

专栏 01

阿德勒的一生①

一名在富裕家庭中自由成长的心理学家

1870 年，阿德勒出生于奥地利一个富裕的从事谷物生意的家庭，是 7 个孩子中的次子。他的家庭环境、他与父母和手足之间的关系可以说是阿德勒心理学的原点。

由于他的父亲推行既不惩罚也不溺爱的教育方式，包括阿德勒在内的 7 个孩子在尊重自由、民主的家庭氛围中长大。阿德勒待人平等、厌恶权威，这与他的家庭环境有很大关系。在他的弟弟过世的时候，他的母亲露出了笑容，这让他觉得母亲冷酷无情，因而长年厌恶自己的母亲，从这里也可以看出他的人品。

阿德勒小时候由于钙摄入不足，曾患上佝偻病，他不仅羡慕比自己大两岁且身体强壮的哥哥，还将他视为竞争对手。阿德勒在 5 岁的时候因患肺炎差点没命，这些经历让他立志当一名医生。

Chapter 01 用语解说　　关键词

☑ KEY WORD
自我决定性

认为自己的人生由自己决定。人虽然无法选择与生俱来的东西和成长环境，但是可以自己决定如何去应对自己所处的环境，所有的结果都因此而产生。

☑ KEY WORD
目的论

认为人的行为不是因为受到过去某种原因的驱使，而是因为受到未来某一目标的吸引。当一个人决心要做一件事情的时候，一定是面向未来的意志在起作用。因此，阿德勒主张人们在解决问题时应将视线朝向未来。

☑ KEY WORD
整体论

认为人的内心并不是相互矛盾的，理性和感情、内心和身体，所有的一切都是相互联系的一个整体。它们并不是矛盾对立的，而是不可分割和互为补充的。

☑ KEY WORD
人际关系论

认为人的各种行为离不开行为对象的存在。人会受到对方行为的影响，从而抱有某种感情，并产生某种行为。因此，只要我们去理解对方行为的目的，就能正确了解其人。

☑ KEY WORD
认知论

认为人会主观地去认识各种事物，因此无法客观地把握事物的本来面貌。任何人都戴着固有的有色眼镜看待事物。所有认识都是人按照自己理解的那样产生的，从而带有主观色彩。

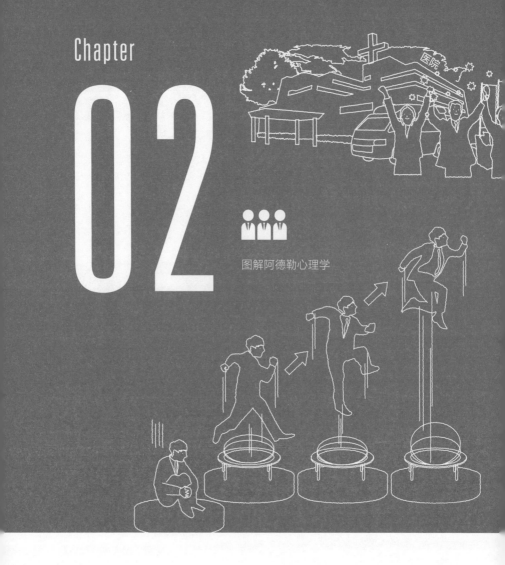

第2章
"心"陷入负面循环的机制

如果遭遇了让人厌恶或悲伤的事情，与年龄和性别无关，任何人都会心情沮丧。本章将依照阿德勒理论详细解说愤怒、悲伤等负面感情是如何产生的，以及我们应如何去应对。

关 键 词 ➡ ☑ 精神健康

01 精神健康的必要条件

精神健康与身体健康并非密切相关，不管身体处于何种状态，人都可以自己选择自己的人生。

阿德勒心理学认为：即便身体不健康，人也可以保持精神健康。当然，如果身体健康，那是最好不过的。但是，即便身体状况极其糟糕，如果自己仍然可以决定或选择如何生存下去和如何走向死亡的话，就可以说此人拥有健康的精神。

自己选择自己的生存方式

此外，要保持精神健康，少不了感情方面的因素。抱有过多的愤怒、悲伤、忧郁和不安等负面感情并不是一种健康状态。人们表现出负面感情，是为了试图去改变别人。例如，人们愤怒是想让别人按照自己的想法去改变。要想不生气，就不要去控制他人。

不抱有愤怒、悲伤、忧郁和不安

因为想控制别人，所以会生气。

关键词 ➡ ☑ 萌生出感情

02 一切行为皆有目的，其目的萌生出感情

要建立良好的人际关系，人们必须彼此间建立起横向关系，不能凭借纵向关系去控制对方。

阿德勒曾说过："人的各种问题都是人际关系的问题"。健康幸福的生活离不开良好的人际关系。良好的人际关系是指舍弃纵向关系，保持横向关系。通常所说的人际关系是指纵向关系，即优劣、善恶、正误、上下的关系，这是一种竞争关系。阿德勒心理学认为纵向关系是损害精神健康的一大要因。

由纵向关系变为横向关系

纵向关系 = 竞争关系

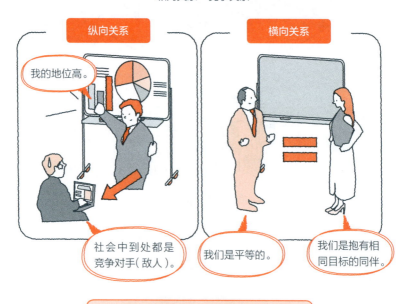

纵向关系：我的地位高。社会中到处都是竞争对手（敌人）。

横向关系：我们是平等的。我们是抱有相同目标的同伴。

纵向关系 → 横向关系

要打破纵向关系，重要的是理解感情的产生机制。人的所有行为都有目的，这些目的萌生出感情。例如，愤怒只不过是为了达到控制对方这一目的的手段。支配对方就意味着进入了纵向关系。如果看清楚了这一点，破坏人际关系的破坏性感情就不会产生。

理解各种行为都有其目的

愤怒是达到目的（想攻击或控制对方）的手段！

不行！

生气、悲伤等感情都是为了达到目的的手段。

关键词 → ☑ 理解感情

03 感情的作用和目的是什么?

思维和感情密切相关,要了解自己,首先非常重要的一点是理解自己的感情。

阿德勒心理学认为:人的各种感情并不存在于内心。人的感情存在于自己与他人之间。因为感情是为了达到某种目的而表露出来的,它并不积存于内心当中,而是展露在外面的。即便有人说"我没生气",那也只是自己没有察觉到而已,其实生气的情绪已经传递给了别人。

感情表露在外

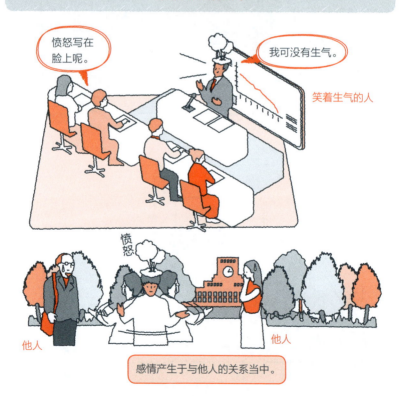

愤怒写在脸上呢。

我可没有生气。

笑着生气的人

愤怒

他人　　他人

感情产生于与他人的关系当中。

感情有以下三个特征：第一，感情与身体、思维、行为密切相关；第二，与思维具有的"理性回路"功能不同，感情具有的是"非理性回路"功能；第三，感情给行为提供能量。当思维被推翻时，我们就会心生愤怒，这是因为思维与感情密切相关。要了解自己，重要的是要先理解自己的感情。

关 键 词 → ☑ 乐天主义和乐观主义

04 "乐天主义"和"乐观主义"的区别在哪里?

没有任何根据的积极乐观,这种"乐天主义"是危险的。要激发自己的勇气,"乐观主义"是一种重要的思维方式。

阿德勒曾这样说过:"痛苦使自己和他人分离,喜悦连接彼此。"这句话讲述了笑容连接起彼此感情的重要性。笑容不仅对别人重要,对我们自己来说也非常重要。积极向前的思维方式会激发我们的勇气。因为,保持笑容意味着在日常生活中我们是以乐观的思维方式生活的。

笑容连接起彼此

笑容 = 连接彼此的纽带

虽然"乐天主义"和"乐观主义"都是一种积极向前的思维，但两者还是有很大的区别。没有任何根据地认为"一定会有好事情发生"而保持笑容是"乐天主义"。按照这种思维方式，万一发生了不好的事情，我们就会愁容满面。在日常生活中，当发生了不好的事情时，"想一个最佳解决办法就行了"这种想法就是"乐观主义"。要激发自己的勇气，"乐观主义"是一个重要的思维方式。

乐观主义者会冷静地思考最佳解决办法

乐观主义激发我们的勇气

关键词 ➡ ☑ 自卑情结

自卑性、自卑感和自卑情结的区别

不健全的不是"自卑感",而是"自卑情结"。让我们将自卑感转变为动力,朝着目标不断努力吧。

阿德勒心理学里有"自卑性""自卑感""自卑情结"这3个术语,它们都使用了"自卑"一词。"自卑性"是指诸如天生残障或在后来出现了生理缺陷这一单纯事实。"自卑感"是由于自己的理想和现实之间的差距所引发的主观负面感情的总称。理想和现实的差距让人感到痛苦。

"自卑感"是自己的理想与现实之间的差距感

什么是"自卑感"?

我已经干到了顶层!

目的

还远远不行,离目标太远……

现状

"自卑情结"是指以自己的自卑为理由，对人生中必须应对的课题所采取的逃避态度和行为。阿德勒认为自卑情结是"一种处于不正常、不健全状态的自卑感"。那些将自卑感转变为动力且不断努力的人，虽然抱有"自卑感"，但并没有"自卑情结"。

"自卑感"与"自卑情结"截然不同

什么是"自卑情结"？

将"自卑感"转变为动力的人

关 键 词 ➡ ☑ 基本错误

06 什么是基本错误?

人只会用主观的视角看待事物。当危机来临时,我们要注意一些基本错误。

　　人并不是客观地把握事物,而是通过自己的主观解释去把握事物。对于他人、自身、人生所具有的固有想法、感受和价值观,这就是所谓的"个人感觉"(private sense)。个人感觉如同一个人戴着其固有的有色眼镜。阿德勒心理学认为不仅限于否定消极的想法,即便是积极向前的想法,都带有个人偏见。

任何人都是戴着其固有的有色眼镜看待事物的

"基本错误"（basic mistakes）属于一种个人感觉，是指让自己与周围产生摩擦、使自己难以生存下去的歪曲想法。5个具有代表性的基本错误分别为"主观臆断""夸大事实""忽略""过度一般化""错误的价值观"。人一旦陷入危机状态，就容易受到基本错误的控制。

5个具有代表性的基本错误

关键词 ➡ ☑ 认知

07 人为什么无法客观地看待事物？

对任何人来说，比起客观事实，主观认知更为重要。有意识地去改变这一看待事物的方式，就有可能让问题得到解决。

阿德勒心理学认为：看待事物的方法因人而异，但终归都根据自己的主观。例如，当调来了一个新上司时，人都会根据自己的喜好或之前的体验，以自己的衡量尺度去判断对方。也就是说，对任何人来说，比起客观事实，自己如何去看待事物和人物要更重要。

人凭借主观认识事物

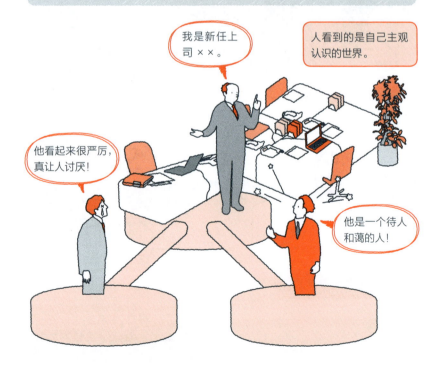

我是新任上司××。

人看到的是自己主观认识的世界。

他看起来很严厉，真让人讨厌！

他是一个待人和蔼的人！

即便面对的是同一件事情，处于相同立场上的两个人也会因为对状况的主观认识不同，产生不同的观点。反过来说，我们有意识地去改变主观认知，就可以改变自己的主观感受。当我们因职场人事变动或人际关系而苦恼时，如果能够借机改变看待事物的视角，或许烦恼就能够得到解决。

通过改变主观感受去解决问题

关键词 ➡ ☑ 愤怒的根源

08 要想不生气，就要知道愤怒产生的机制

去想谁的对错，会让人的内心产生愤怒。

愤怒产生的过程与关于"对错"的观点和思维方式密切相关。阿德勒心理学认为人们应避开这种思维方式，将思考"什么样的思维方式才有益于获得幸福"放在重要地位。所谓的"对"，最终其实只不过是自己所认为的正义，从亲子矛盾到战争，世界上的纷争可以说都与"对错"有关。

"对错"是争吵的原因

愤怒的主要目的
正义感
想控制部下
想掌握主导权
想维护自己的权利等

企划书是今天截止吧！

我没错！

你即使骂我，我也无法完成企划书！

对不起！

愤怒的根源里含有"应该××""必须××"等个人固有的信念和思维。"我是对的，他不对"这一纵向关系的思维方式会产生愤怒，从而导致争吵。愤怒是一种很难控制的感情。不要去想谁对谁错，这是建立良好人际关系的关键。

关键词 → ☑ 原因论

09 过于追究原因就会陷入负面循环

我们不能太执着于追究原因，去想一想接下来自己可以做些什么，将眼光朝向未来。

当碰到问题时，我们就会从过去找原因，去想"做错了什么"，这就是"原因论"。过于追究原因，就会使我们去寻找犯人——"就是因为那个人，事情才会变成这样"，从而"后悔过去，否定现在"，常常让我们陷入负面循环。但是，不管如何寻找原因，过去也无法改变。

"原因论"导致我们陷入负面循环

阿德勒心理学提倡"目的论",认为"人的行为有其特有的目的"。"目的论"主张不要在别人身上找原因,而要从自己身上找问题。与过去不同,未来可以靠自己去改变。为了达到目的去思考接下来能够做什么,这就是目的思维。目的思维是激发我们的勇气的有效手段。

思考接下来怎样才能达到目的

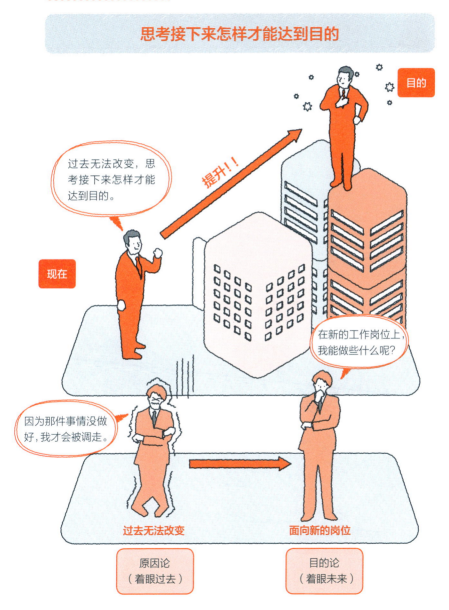

关键词 ➡ ☑ 自我合理化

10 难道"烦恼"会在无意识中助长自我合理化?

需注意:"自我合理化"也会成为维护自己的手段,尽量不要将失败归咎于别人。

在日常生活中,很多人都坚信自己是对的,把失败归咎于别人,这就是"自我合理化"。绝不是说这种思维不对,这也是一种维护自己的有效手段。维护自己这一目的并没有错,但采取其他手段更具有建设性。

人在生活中都会"自我合理化"

自我合理化

"自我合理化"也有一种维护自己的有效手段。

很多时候，"自我合理化"是自我欺骗，有时会让我们暂时看不到真正的问题所在。实际上，改变自己的行为有利于问题的解决，<u>但很多人在别人身上寻找失败的原因，欺骗自己</u>。这样就会反复出现问题，使问题得不到解决。自我欺骗改变不了任何东西，我们需要改变自己的行为，我们应去面对问题。

"自我合理化"会导致自我欺骗

不去解决问题，一味烦恼的话，"自我合理化"有时也会变成一种自我欺骗！

专栏 02

阿德勒的一生②

跨越婚姻危机，深爱一位女性

阿德勒27岁结婚，育有4个孩子。阿德勒与妻子莱莎在一次政治集会中相识，不到一年的时间便结婚了。阿德勒深爱着聪明美丽、意志坚强的莱莎。

阿德勒在年老的时候曾患上重病，挣扎在生死边缘，妻子和女儿的探望让他心情愉悦，最后病状消失了，身体痊愈了。从这个美好的故事中可以看出阿德勒是多么深爱着妻子和家人，但是他的婚姻生活并不顺利。

莱莎厌恶育儿和家务是女人的事情这一观点，阿德勒则不赞同。由于两个人意见不合，阿德勒后来去了美国，两个人多年分居。在此期间，阿德勒给莱莎写了很多封信，却没有收到一封回信，直到阿德勒去世的前两年，莱莎才移居美国。虽然经历了一番波折，但阿德勒终于在妻子的陪伴下度过了晚年生活。

用语解说 关键词

☑ KEY WORD
乐观主义

在日常生活中,当发生了不好的事情时,"想一个最佳解决办法就行"这种想法就是"乐观主义"。"乐天主义"是一种没有任何根据、不进行深思的盲目自信。万一发生了不好的事情时,"乐天主义"者就会愁容满面。

☑ KEY WORD
自卑情结

指以自己的自卑为理由,对人生中必须应对的课题所采取的逃避态度和行为。"自卑感"是由于自己的理想和现实之间的差距所引发的主观负面感情的总称。阿德勒认为"自卑情结"是一种处于不正常、不健全状态的自卑感。

☑ KEY WORD
基本错误

指让自己与周围产生摩擦、使自己难以生存下去的歪曲想法。5个具有代表性的基本错误分别为"主观臆断""夸大事实""忽略""过度一般化""错误的价值观"。

☑ KEY WORD
原因论

指人们过于执着寻找问题的原因,去想"做错了什么"。过于追究原因,就会使我们去寻找犯人——"就是因为那个人,事情才会变成这样",从而"后悔过去,否定现在",常常让我们陷入负面循环。

☑ KEY WORD
自我合理化

坚信自己的所作所为是对的,因此当发生意想不到的事情时,我们就会把失败归咎于别人,自欺欺人,认为"可怜的人是我,是他不对"。

第3章

"积极自我"的打造方法

人有的时候会做什么事情都做不好，没有自信，不再相信自己，感到不安，这种消极的思维方式其实可以彻底改变。怎样才能让自己积极面对任何事情呢？如果你想知道具体方法，本章必读。

关键词 → ☑ 建设性的人

01 培养建设性思维，摆脱偏执

要培养建设性思维，就要站在别人的立场上去思考问题，形成"共通感觉"。

总是抱有消极想法的人一旦变成"建设性的人"，就可以摆脱偏执的想法。"建设性的人"能够为周围的人考虑，但并不仅只是一个好人。"建设性的人"在做事时会去思考能够为自己和别人做些什么，与那些希望获得别人的好感、被人随意使唤的老好人不同。

不当被人随意使唤的老好人

"建设性的人"在做事时会去思考能够为自己和别人做些什么，以及应该做什么。为了达到目的，我们也要想一想应该如何合理拒绝对方拜托的事情。

要成为一名"建设性的人","共通感觉"(common sense)是一个重要因素。"共通感觉"是指对方与自己之间的相同感受。人总是主观地看待事物,因此感受不同,从而会形成"个人感觉"(private sense)。因此,我们要明确"共通感觉"和"个人感觉"的区别,必要时求同存异,这是保持良好人际关系的诀窍。

"共通感觉"和"个人感觉"是一组对立概念

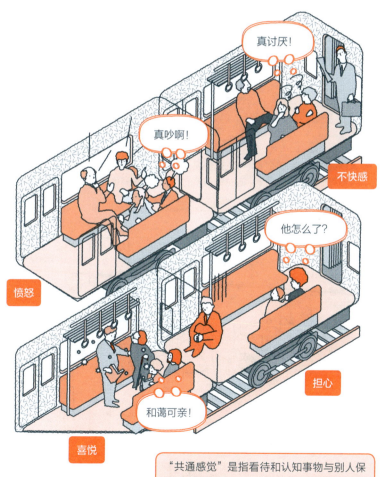

"共通感觉"是指看待和认知事物与别人保持一致的状态。

关键词 ➡ ☑ 个人理论

02 如何让自己的思维不受"主观臆断"的控制?

个人观点过于偏激的话,看待事物的视角就会出错。我们要意识到:自己的想法仅仅只是个人意见。

站在客观的视角去处理与别人的关系,是一种理想的方式,但是非常难做到。根据"个人感觉"而非"共通感觉"去看待事物,我们就会自以为是地认为"就应该这样",为了达到这一目的从而选择自以为是正确的"行为",这一系列过程就称为"个人理论"(private logic)。

"个人理论"会导致主观臆断和夸大事实

个人理论是指人基于个人特有的价值观,最终设定特有的目标、选择某种行为的一系列过程。人都是根据个人理论去做事的,个人理论有可能会导致主观臆断、夸大事实、忽略、过度一般化,以及形成错误的价值观。

夸大事实
诸如"她总是丢三落四""大家都认为我是一个坏人"等,往不好的方向去夸大事实。

主观臆断
诸如"说不定是他干的""肯定是××"等,对尚不明晰的事情做判断。

错误的价值观
诸如"犯了错,就应该辞职"等,对事物的看法具有自取灭亡性、破坏性特征,不合逻辑。

过度一般化
诸如"因为出生于A县的B心思坏,所以所有出生于A县的人都没有好心眼"等,将特例扩大至一般化。

忽略
诸如"上班都会迟到,工作能力也不强吧"等,只看到不好的一面,就否认全部。

"个人理论"可能会导致主观臆断。要避免这点，我们首先要意识到自己是否具有"个人理论"。当心自己是否使用过"大家都这么说""你真是……"这种主观臆断、夸大事实和过度一般化的措辞。自己的想法和结论并不是客观事实，那仅仅只是自己的个人意见而已，意识到这点非常重要。

意识到自己的"个人理论"

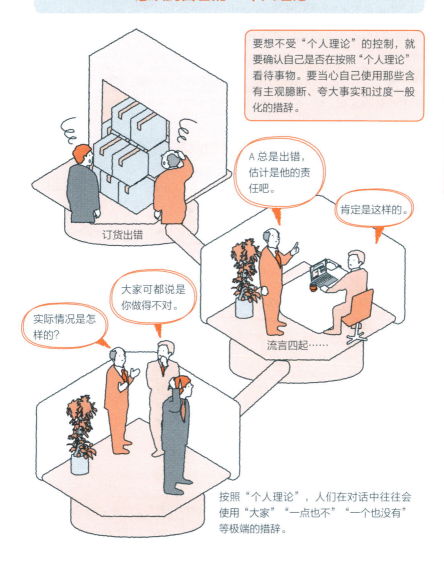

要想不受"个人理论"的控制，就要确认自己是否在按照"个人理论"看待事物。要当心自己使用那些含有主观臆断、夸大事实和过度一般化的措辞。

A总是出错，估计是他的责任吧。

肯定是这样的。

订货出错

大家可都说是你做得不对。

实际情况是怎样的？

流言四起……

按照"个人理论"，人们在对话中往往会使用"大家""一点也不""一个也没有"等极端的措辞。

关 键 词 ➡ ☑ 共通感觉

03 如何才能形成"共通感觉"？

带着个人感觉去看待事物，往往会导致我们主观臆断，而"共通感觉"则与之完全相反。那如何才能形成"共通感觉"呢？

个人感觉也被称为自我有色眼镜，"共通感觉"的概念则与之相反，它是指自己的个人感觉与对方的个人感觉在经过沟通与磨合之后，最终达成共识的感觉。因此，我们应确认自己与对方的感觉是否一致。当无法沟通与磨合的时候，我们就要承认彼此的差异，尊重彼此的个人感觉，而不是勉强达成一致，这才是一种建设性行为。

不勉强沟通与磨合彼此的个人感觉

要培养"共通感觉",首先我们要认识到"自己和对方都逃脱不了个人感觉",然后再去与对方沟通。并且,看问题的视角不能二者选其一,并不是谁对谁错、谁优谁劣,重要的是彼此尊重、相互让步、寻找可以达成共识的地方。

通过沟通与磨合,培养"共通感觉"

按照"共通感觉"去看待事物的很重要的一点就是做到退一步看问题。诸如不断以对方视角、第三者视角、整个组织的视角等看问题,就易于形成"共通感觉"。

关键词 ➡ ☑ 进步胜于完美

04 应将进步胜于完美设定为目标

阿德勒心理学并非很快就能掌握，与其执着于完美，不如追求进步。

"共通感觉"有益于舍弃个人理论，对于形成"共同体感觉"也非常有益。"共同体感觉"是在职场、家庭、社区等共同体当中与周围的人产生联系、内心平静并有所归属的一种感觉。与周围的人产生"共通感觉"，带着信赖感去进行沟通，会让我们感觉自己成为共同体中的一部分，这样就使我们容易获得"共同体感觉"。

意识到与同伴间的"共通感觉"从而感觉到彼此间的纽带关系

在家人、职场、友人等各个共同体当中培养"共通感觉"，会使我们易于感受到与同伴之间的纽带关系，感受到自己是共同体中的一部分，这样有益于形成"共同体感觉"。

在实际生活中，获得"共同体感觉"且感觉自己与周围同为一体并不是一件易事。阿德勒心理学认为："人在实践当中应将进步胜于完美设定为目标。"即便失败了，我们也要接受不完美的自己，不断前进。只有我们一点点不断进步，在人际关系等方面的烦恼才会逐步减少。

一步一步走向完美

成功了！目标终于达成了！

目标！！

虽然也有些失败的地方，但是有很大的进步！

虽然离目标还很远，但还是一步一步来吧！

开始！！

在生活中践行阿德勒心理学的时候，一步达成完美目标是非常困难的，一边接受失败，一边一点点不断进步，烦恼就会逐步消失。

03 积极自我的打造方法

关键词 ➡ ☑ 追求优越感

05 谁都会有自卑感，要将其转变为成长的动力

当理想和现实之间有差距，人就会产生自卑感，但自卑感带来的并不都是坏作用。

谁都会有自卑感，当理想中的自己和现实有差距时，人就会产生自卑感。很多人因自卑感而痛苦，但是阿德勒认为："自卑感是一种促进成长的正常感受。"它能够变成一种力量，让人朝着理想中的样子不断努力。因此，抱有自卑感并不是一件坏事，将它变为成长的动力吧。

因为有理想，所以人才会有自卑感

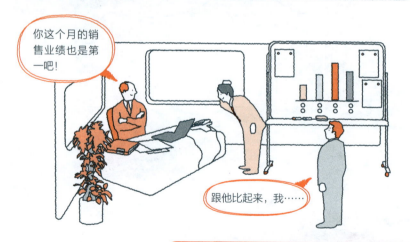

你这个月的销售业绩也是第一吧！

跟他比起来，我……

例如，当看到同事取得了工作成绩，我们便会产生自卑感。同事取得了工作成绩与自己没有取得工作成绩原本并没有关系，但我们会无意识地将两者相比较，因而产生了自卑感。

阿德勒说过这样一句话："追求优越感。"希望将来的自己比现在优秀，这是人的普遍欲望。人之所以会有自卑感，是因为人在不断追求优越感。要让追求优越感这一欲望发挥作用，就制订一个提升自己的目标吧！认可朝着目标努力的自己也很重要，越认可自己，动机就会越强，我们就越能不断成长。

将自卑感转变成动力，一步一步成长

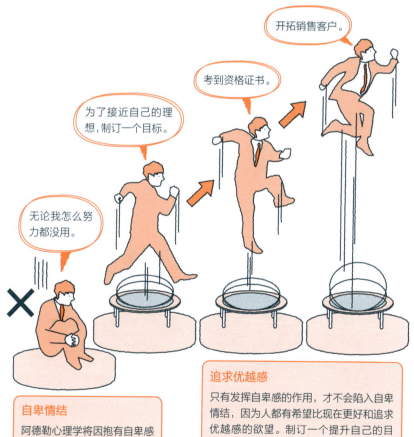

自卑情结
阿德勒心理学将因抱有自卑感而（无意识中）选择放弃的内心状态称为自卑情结。

追求优越感
只有发挥自卑感的作用，才不会陷入自卑情结，因为人都有希望比现在更好和追求优越感的欲望。制订一个提升自己的目标，去接近自己的理想吧！

关 键 词 ➡ ☑ 失败是成长的必经之路

06 挫折和失败是成长的必经之路，如何才能不害怕挑战？

即便失败了，我们也不能抱有自卑感，重要的是不惧怕失败，不断去挑战。

在工作、学习、个人生活等各种人生境遇当中，谁都会遭遇失败。在第48页和第49页介绍了"自卑感"会导致停滞不前的"自卑情结"，我们不能因为失败和挫折就认为"反正我……"，因此裹足不前。在下一次挑战中，我们要改变方法，吸取失败的经验教训，要这样去想："失败是成长的必经之路。"

失败并不是一件坏事

当遭遇失败时，我们不能因此陷入"即使自己去做也是徒劳"这一"自卑情结"，从而放弃行动。我们要吸取失败的经验教训，想一想改善的方法："上次是那样才失败的，这次这样试试看。"

要充分利用失败的经验教训，保持不断挑战的勇气，这一点非常重要。此时，重要的是即便失败了，也要肯定曾经挑战过这一事实。我们不应受困于"自卑感"——"为什么我没能通过考试……"，而应积极向前——"我挑战了一场高难度的考试，我努力了"。这样的话，我们就不会害怕失败，并且会为实现个人成长而不断挑战。

肯定那个朝着目标不断挑战的自己

即便挑战失败，我们也要自我肯定："我已经挑战过、努力过了！"给自己打气，这样的话，我们就能够不断挑战，获得成长，不久就能够成功。

关键词 ➡ ☑ 理想和现实

理想终归只是理想，与现实差别巨大

人要获得成长，重要的是拥有理想。但是，人必须明确区分理想和现实的差别。

比起追求完美，享受不断进步的过程更重要。但是，自己追求的完美（抱有理想）也是非常重要的。因此，要让生活积极向前，我们必须<u>区分理想和现实的区别</u>。我们要让由于理想和现实之间的差距造成的自卑感转变为动力，帮助自己获得成长。拥有理想本身并不是一件坏事，但是要注意的是，理想终归只是理想。

不能因理想而痛苦

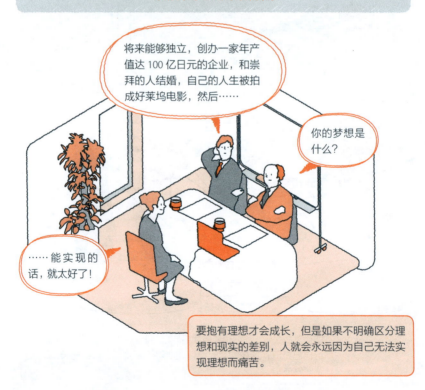

将来能够独立，创办一家年产值达100亿日元的企业，和崇拜的人结婚，自己的人生被拍成好莱坞电影，然后……

你的梦想是什么？

……能实现的话，就太好了！

要抱有理想才会成长，但是如果不明确区分理想和现实的差别，人就会永远因为自己无法实现理想而痛苦。

如果认为理想一定会实现，那么我们就会因"无法成为理想中的自己""找不到理想伴侣""不能生活在理想的环境当中"等烦恼而痛苦。理想终归只是理想。我们要<u>努力去接受当下的现实，正在不断接近理想这个过程本身就能够让人感受到幸福</u>。

不能在别人身上追求自己的理想

因现实与理想有差距而痛苦。　　接受正在不断靠近理想这一现实。

对他人追求完美也是不对的，这就如同自己不完美一样，别人也不是完美的，接受彼此的不完美吧。

03 积极自我的打造方法

关键词 → ☑ 成见

08 即便被讨厌也没关系

不能将不被别人讨厌作为做事的目的,试着这样去想:"即便被讨厌也没关系。"

不希望被讨厌是一种很自然的想法,不过,如果不被讨厌成为首要目的的话,就会欺骗自己和周围的人,这样目的就无法达成。并且,当感受到"被大家讨厌"时,我们需要重新审视这会不会是一种成见。如果冷静地去判断的话,我们会发现其实自己身边有支持者。

自己的感受会不会是一种成见?

我们也可以换一个思路想："即便被讨厌也没关系。"任何人都很难做到让所有人都喜欢自己。有时我们因为工作必须和不喜欢自己的人沟通，这种场合就不要去判断喜欢与否，想一想"我怎样才能够做出贡献""怎样才能与对方合作好"，尽最大可能去找到解决问题的建设性方法。

不要去想对方是否讨厌自己，而要去想怎样才能够对达成目标做出贡献。在这个过程当中，或许对方对自己的厌恶就会减少。

关键词 ➡ ☑ 偏见

09 "不喜欢的交往类型"仅仅只是一种偏见？

有不喜欢的交往类型这一想法几乎都是因为偏见所致，不要因为过去的经验和记忆而过于抱有成见。

谁都有不喜欢的交往类型，但是实际上有时候这种想法是因为偏见所致。例如，某人在大学时代曾被体育部的某个人说过一些让自己不悦的话，由于这样的经历和记忆，他就会不喜欢这种类型的人。因为偏见会让人在还没有认清一个人的时候就对其进行无意识的评价，而这种评价有可能会发生很大的改变。

有不喜欢交往类型的想法源于过去的经验

过去的经验会让人产生有不喜欢交往类型的想法，会使人无意识地认为"这个人跟那个人相似，肯定也是这样的人"。

我们总是容易带着偏见去评价别人，因此最好这样去想："这类人就是这样的。"这一价值观并不是绝对的。即便对方是自己不喜欢的交往类型，如果深聊的话，有时候对其评价会发生很大的改变。当对一个自己不喜欢的交往类型的人产生了好感时，对方的"顽固"这一让人产生负面感受的性格也会变成"意志坚强"这一正面感受。

换一个思路，短处会变成长处

当对一个人的印象发生改变时，对其性格和言行的评价就会发生改变。即便对方是自己不喜欢的交往类型，换一个思路，其短处就会变成长处。

关键词 ➡ ☑ 自我对话

10 要接近理想中的自己，就要从改变心中描绘的自我形象开始

即便是出于谦虚，如果自己贬低自己的话，我们也会在无意识的情况下给自己的内心带来不好的影响。

当你向别人说起自己的时候，你会把自己描绘成怎样的一个人呢？谈论或用文字描述自己的行为称为"自我对话"（self talk），人经常会这样做。出于谦虚，人有时候会对自己进行诸如此类的负面评价："我笨手笨脚""我不擅长交际"，这种自我对话有可能会给自己贴上消极评价的标签。

"自我对话"会改变自己

我胆子小。

我心胸狭窄。

我脑子不机灵。

我是怎样的一个人？

消极的"自我对话"会让我们觉得自己是一个没有价值的人。

原本只是出于谦虚，却不知不觉真的认为自己就是那样的人。

通过"自我对话"所描绘的自我形象称为"自我概念"。正如前述，消极的"自我对话"会形成消极的"自我概念"。如果进行积极的"自我对话"，积极的"自我概念"就会形成。我们应不断寻找并关注自己好的方面，让自己好的方面不断增多。

进行积极的"自我对话"

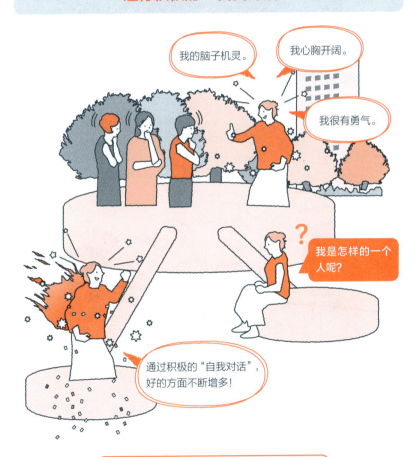

积极的"自我对话"形成积极的"自我概念"，从而使自己好的方面不断增多。

03 积极自我的打造方法

关键词 ➡ ☑ 生活风格

11 任何时候谁都能够改变自己的性格

任何时候谁都能够改变自己的性格，因为现在的性格正是自己选择的结果。

诸如"想积极主动地去邀请朋友，但自己是那种退缩型人格的人""想跟初次见面的人友好相处，但自己的性格畏首畏尾"等，很多人将自己的不顺归咎于自己的性格。心理学上的"性格"是指"这种时候这样去理解，采取这样的行为"等一系列模式化的认知（理解方式）、思维和行为方式。

心理学上的"性格"是指什么？

他做事敷衍、马虎！

他总是胡乱整理一番。

心理学上的"性格"是指一个人基于模式化的认知、思维和行为方式。这里所指的"性格"是难以改变的。

阿德勒心理学认为"生活风格"（life style）是指"在生活中对事物的看法、思维方式和行为的倾向"，它与"性格"的概念相近，但在一定程度上是可以改变的。它是人在幼年时期主动选择，并在无意识中决定一直保留下去的行为原理。由于是人的主动选择，所以阿德勒认为人可以改变自己的"生活风格"。

什么是阿德勒所认为的"性格"

专栏 03

阿德勒的一生③

眼科医生的从医经历让他立志当一名心理学家

阿德勒实现了小时候的梦想，成了一名眼科医生。之后，他先后又当了一名内科医生和精神科医生，最后作为一名心理学研究学者开始了相关活动。眼科医生的从医经历对阿德勒的人生发展道路起了决定性作用。

当眼科医生时，通过接触眼疾患者，阿德勒发现了各种问题。例如，当患者患上眼疾，视力变弱时，听觉和触觉就会比一般人更敏锐。并且，患者有一个明显的行为倾向：比一般人更加努力，这是为了消除"与人不同"的自卑感，即主动进行心理补偿。正因为阿德勒作为一名眼科医生近距离地接触了这些患者，他才开始对心理学这一领域产生兴趣。

阿德勒的早期著作《器官缺陷及其心理补偿的研究》涉及这部分内容。

用语解说　关键词

☑ **KEY WORD**
个人理论

指看待事物的视角、目标的设定和行为等一系列过程。个人理论有可能会导致主观臆断、夸大事实和过度一般化等行为的发生。

☑ **KEY WORD**
共通感觉

指自己与他人之间原本互不相同的个人感觉成为相同状态的一种感觉。有时，彼此的个人感觉本来就很相似，有时也要经过沟通与磨合之后，才能最终达成共识。我们不仅要站在对方的视角，还要站在第三者或整个组织的视角去看待事物，这样才会更加客观。

☑ **KEY WORD**
追求优越感

希望将来的自己比现在优秀，这是人的普遍欲望。人之所以会有自卑感，是因为人在不断追求优越感。要让追求优越感这一欲望发挥作用，就为自己制定一个目标吧！认可朝着目标不断努力的自己也很重要。

☑ **KEY WORD**
自我对话

指谈论或用文字描述自己的行为。出于谦虚，人有时候会对自己进行诸如"我笨手笨脚""我不擅长交际"的负面评价，这样会形成一个消极的"自我概念"（通过"自我对话"所描绘的自我形象），需要特别注意。

☑ **KEY WORD**
生活风格

它并不是指日常生活中的生活方式，而是指一个人的性格和信念。例如，对事物的看法、思维方式和行为的倾向等。一般来说，它很难改变，但是阿德勒心理学认为，人有可能将自己的性格变成自己"希望的样子"。

Chapter 04

图解阿德勒心理学

第4章

改善"人际关系"的方法

我们在学校和职场等日常生活中不可避免地与其他人交往。有人会抱有这样的烦恼："不能跟人很好相处。"本章从阿德勒心理学的视角讲解在与人交往过程中的要点和注意事项。

关键词 ➡ ☑ 横向视线

01 什么是培育良好人际关系的"横向视线"？

并不是所有对对方的赞美都会产生正面效果，如果不注意赞美的方式，则可能会产生相反的效果。

赞美或许能够促进对方成长，但其实这是一种以上下关系为前提的行为，批评也是如此。为对方着想，可以说出许多美好的赞美词语，但这只会让我们无意识地将自己的地位抬高至对方之上。注意不要用从上而下的"纵向视线"，而要用"横向视线"去赞美对方，这样就会不断激发对方的勇气。

舍弃"纵向视线"，选用"横向视线"

因为"真棒""了不起"是对"人"进行的赞美，所以这是一种自上而下的评价。而"谢谢你帮了我一个大忙""谢谢""你干得很开心啊"等激发勇气的话是从"横向视线"对"行为"的激励，能产生共通感。站在平等的人际关系的基础上去激发对方的勇气，就会让对方产生克服困难的力量。

平等的人际关系会减少负面感情

关键词 ➡ ☑ 尊敬对方

即便是上下级关系，相互尊敬也必不可少

相互尊敬就会自然而然地建立起横向人际关系。

要建立横向人际关系，我们需要尊敬对方。例如，在职场，部下理所当然应该尊敬上司，但是过去一直强调的是：上司应该"尊重"部下。阿德勒心理学认为：不能因为"自己的地位高"而决定对对方的态度，上司也应该尊敬部下。

不因上下级关系决定态度

A主任对部下的态度粗鲁，B主任采取的则是尊敬的态度。

如果根据能力的高低和地位的差异决定是否尊敬对方，那么我们就很难保持良好的人际关系。彼此相互尊敬与对方的年龄、健康状况、思想和宗教无关。但是，人无法强求对方尊敬自己，所以，"首先自己要去尊敬对方"这一想法必不可少。

即便能力和立场不同，相互尊敬也非常重要

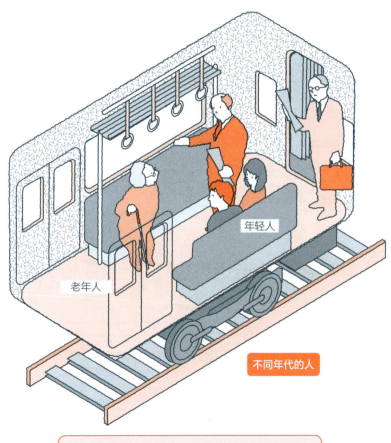

老年人

年轻人

不同年代的人

不论对方的立场如何，重要的是应相互尊敬。

关键词 ➡ ☑ 信赖和信用

03 "信赖"和"信用"的区别是什么？

"信赖"和"信用"是一组很相似的词语，两者有什么差异呢？

不管对方采取怎样的行为，信赖对方是很重要的。阿德勒心理学认为任何行为都带有善意这一根本意图。例如，复仇和权力斗争在根本上也是人为了寻求对共同体的归属而采取的手段。因此，不管对方采取怎样的行为，相信其中一定潜藏着某种善意，这一认识非常重要。

人的各种行为都带有善意目的

打赢这场战争！

战争是一种为了获胜而造成许多牺牲、富有野心的行为。

实现国家统一！

重视内政。

应该这样展开外交。

决定成败之战

战争的根本目的并不仅是对权力的欲望。

为了国家（共同体）而战也是战争的根本目的之一，甚至可以说对共同体的归属欲望是其真正的目的。

"信用"与"信赖"非常相似，是指建立在担保基础上的信任对方的态度。但是，根据对方的情形状况，它会发生动摇。如果对方的行为恰当，那么就信任对方，反之则不信任对方，这就是"信用"。不管对方采取怎样的行为都信任对方，我们可以称之为"信赖"。相互"信赖"是保持良好的人际关系，以及创造美好社会的力量。

"信赖"与"信用"的区别似是而非

银行之所以借钱给我们，是因为银行和顾客是建立在"信用"的关系上。

母亲之所以毫无根据地相信儿子做得到，是因为彼此之间是"信赖"的关系。

关键词 ➡ ☑ 同感和同情

04 "同感"和"同情"的区别是什么?

或许我们会无意识地对他人产生"同情"。本节将解释"同情"与我们应时常谨记于心的"同感"之间的差异。

"同感"是人际关系当中最重要的因素,这里指关注"对方的兴趣点"。每个人的人格都不同,但我们要试着去感同身受。"通过别人的眼睛去看,别人的耳朵去听,别人的内心去感受"这一做法对于建立良好的人际关系极其重要。

关注"对方的兴趣点"

把球传给 B 就会有机会

C 是自由人

要去关注对方现在的兴趣点。拿着球的 A 在想象队友 B 现在所处的状况及其内心想法。

"同情"与"同感"是一对似是而非的词语，在理解对方的心情这一点上，两者的含义很相似。但是"同情"是以"我处于安定的状态中，而你却不是"这一关系为前提的，表达了自己比对方的地位更具优势、处于安全圈内这一隐含关系，该行为动机是想确认自己的优越性。

"同情"是一种确认自己优越性的行为

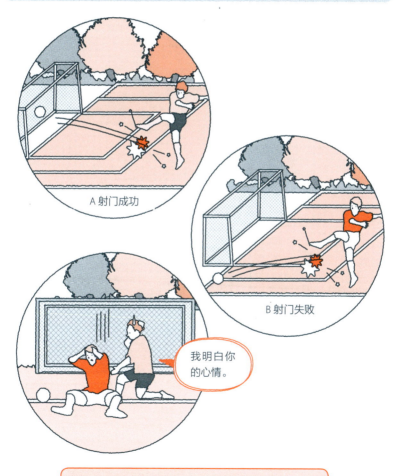

A 射门成功

B 射门失败

我明白你的心情。

看似 A 对 B 说着体贴的话，但这只是一种"同情"。

关 键 词 ➡ ☑ 说话时间和听话时间的比例

05 会听话的人善于交流

"倾听"是建立相互信赖关系的有效手段。如果我们注意"倾听"的方式，就可以得到对方的信赖。

一般人或许认为交流的本质是"说"，其实这是不正确的。<u>阿德勒心理学认为"倾听"才是建立相互尊敬和相互信赖关系的有效手段</u>。如果总是一味地说，那么，理所当然我们就看不到对方的样子。可以这么说：善于"倾听"才是相互尊敬的第一步。

"倾听"比说更重要

昨天发生了这样一件事。

怎么了？！

日常生活中不经意间的交流也要保持"听"和"说"的平衡，这样才能相互尊敬，这点非常重要。

人有一张嘴巴和两只耳朵,因此说话时间和听话时间的比例应为1:2。一边提一些问题,一边配合对方的节奏,听的时候关注对方的兴趣点,这样交流起来才更有效果。养成思考自己的说话时间所占比例的习惯,反复推敲自己的说话内容,就能够实现高质量的交流。

集中注意力去听,与对方展开同步对话

会议室 A 里的 A 主任随心所欲地发言,会议室 B 里的 B 主任不过多发言,而是集中注意力去听。

关键词 ➡ ☑ 课题分离

06 区分"自己的课题"和"别人的课题"

眼前的课题是属于自己的，还是别人的？明确地加以区分非常重要。

或许你曾遇到过这样经历：别人的课题即便自己介入进去，也得不到解决，在"必须做点什么"这一责任感的驱使下而四面碰壁；或者自认为做的是对的事情却无法如愿得到对方的认可，反而引起对方的不快。相反，自己应该解决的事情却怪在别人身上，认为"就是那个人不对"。以上这些情况告诉我们：<u>当没有明确是谁的课题时，就会吃苦头</u>。

当没有明确是谁的课题时，我们就会吃苦头

我是为你好，才让你好好学习，难道你不明白吗？

……

孩子的课题
· 真正去学习

家长的课题
· 帮助孩子学习

虽然督促孩子学习是家长的课题，但当因孩子没有学习而生气时，则混淆了彼此应该肩负的课题。

不混淆课题，仅做自己的课题，把对方的课题交给对方去做。

只有"课题分离"才能防止徒劳一场，关键在于区分：这是一个对方应该解决的课题，还是自己应该解决的课题。想一想结果的好坏是由谁去承受，你就会明白该如何做。例如孩子的作业，承受其结果的是孩子，而不是家长。因此，你自然就会明白：写作业是孩子的课题，而不是家长的课题。

明确了彼此的课题之后，我们不要越界

觉得马口渴了，便把它带到饮水处。

把马带到饮水处是游牧民的课题，但喝不喝水则是马的课题。

马不喝水

划分清楚课题后，重要的是做到互不介入彼此应承担的课题。有了不越界的意识，我们就能够防止人际关系冲突的发生。

关键词 → ✓ 共同课题

07 课题分离之后，开创共同课题吧！

思考问题时如果能够将彼此的课题分离，接下来就通过开创共同课题激发彼此的勇气吧。

如果能够将自己和他人的课题分离，接下来通过开创"共同课题"，就能够激发出彼此更多的勇气。如果这个课题是对方的课题，那么就给予对方主体决定权，自己则可以提出作为助手去协助对方。重要的是：要在事前与对方达成共识，然后再去帮助对方。

开创共同课题，激发彼此的勇气

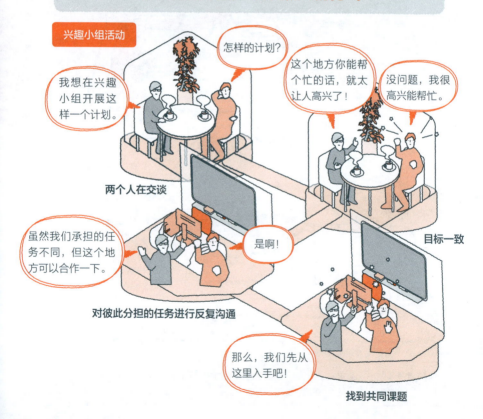

不能将开创共同课题过于目的化。例如，在育儿方面出现了孩子想去的学校和家长希望孩子去的学校并不一致的情况。家长由于武断，误认为自己和孩子的目标是一致的，这时孩子就会反抗家长，说不定还会造成亲子关系恶化，挫伤孩子的勇气。

在形成共同课题之前，反复沟通很重要

我想去 A 校。

你应该想去 B 校吧。

你想去哪所学校？

沟通
好好沟通最终达成了共识，才会形成共同课题。

不沟通
如果没有充分沟通，就容易产生分歧和武断，就无法形成共同课题。

关键词 ➡ ✓ **善恶判断**

08 要保持宽容，避免成见

任何人都很难保持宽容。让人变得不宽容的成见指的是什么呢？

建立良好的人际关系的一个重要因素是宽容，但说起来容易做起来难。那么，我们具体应该怎样做才能让内心保持宽容呢？首先，很重要的一点是：脑子里要意识到在人际关系的背后存在着"善恶判断"这一因素。

需要注意： 不同的人有不同的 "善恶判断"

不要用善恶去判断。

世界上有各种不同的饮食文化，虽然与自己已知的文化有所不同，但不能将自己的常识强加于人。

阿德勒心理学认为善恶、正当与不正当、正义与邪恶都是相对的，在不同的时代和国家，它们的判断标准都曾发生过变化。例如，近代以后很多战争都打着正义的名义杀害了许多人。如果人抱有成见，认为自己的正义和善是绝对的，就会在人际关系上发生各种不愉快。

不要武断地认为自己的正义是绝对的

战前

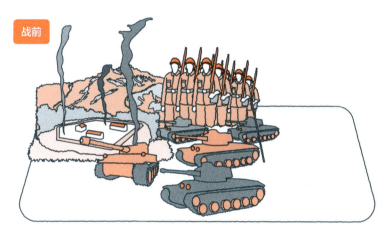

战后

世界和平！

牺牲了无数宝贵的生命，因而对战争的想法发生了很大改变。

关 键 词 ➡ ☑ 表达自我主张

巧妙地表达自我主张的方法

走错一步的话，自我主张就会引起对方的不悦，怎样才能巧妙地表达自我主张呢？

几乎所有人际关系的烦恼和冲突的产生都是因为在交流时表达自己的要求会影响对方的行为。要巧妙地表达自我主张，不应带上感情色彩，而应冷静理性地去表达。重要的是：在注意不会引起对方不悦的同时，我们要明确地表达自己的要求。

在照顾对方感受的同时，我们要明确表达自己的要求

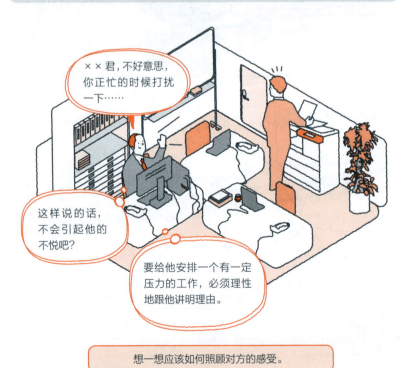

具体来说,我们在说话时要将客观事实和主观意见区分开来。例如,"总是""几乎"等措辞就不是客观表达,是个人主观意见。即便我们把主观意见断言成如同客观事实一般,也不会得到对方的认可。重要的是在前面加一句:"这只是我个人的看法和意见。"

不要将主观意见断言成如同客观事实一般

- 即便表达的内容相同,也不能使用断定和高压性的措辞。在表达自己的意见时,我们要尊重对方的决定。
- 此外,我们在说话时带有请求依赖的语调,在认可对方的权利的同时,也要承担起影响对方的责任,不要过于坚持自己的主张,这点也很重要。

关 键 词 ➡ ☑ 责任承担方法

10 正确的责任承担方法

并不只是接受了惩罚就算承担了责任，本节将阐述正确的责任承担方法。

在社会规则允许的范围内，我们都有自由生存的权利，这一权利不能因人而异。并且，权利也伴随着责任。例如，关于对失败的惩罚，日本曾有一个古老的传统——剖腹自杀。但是，这仅仅只是给予惩罚，把它当成一种儆戒，在现代这既不是一种建设性的解决方法，也不是一种正确的责任承担方法。

能够自由生存从而产生责任

江户时代以前

当时剖腹自杀有其存在的意义，但在现代，这并不是一种正确的责任承担方法。

承担责任有 3 个要点：第一，恢复原状；第二，防止再犯；第三，道歉。首先，对于因失败导致变化的部分，我们应努力去恢复。其次，我们应思考如何才能不再重复失败。最后，我们应去抚慰因失败而受到伤害的人的感情。这才是正确的责任承担方法。

承担责任的 3 个要点

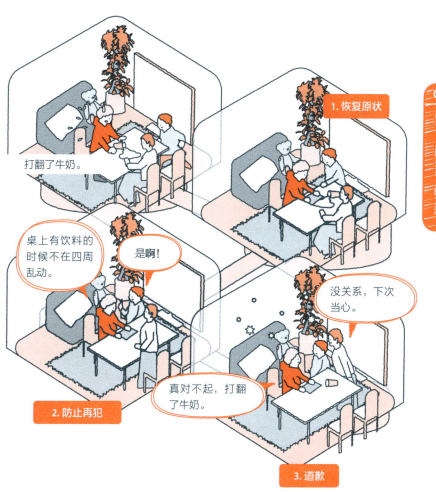

专栏 04

阿德勒的一生④

为了工作减少睡眠时间，走遍世界各地

阿德勒既是一名医生，又是一名心理学家。因其充满幽默感的说话技巧和天生的好人品，很多人十分崇拜他。但是，他为了工作减少睡眠时间，是一个典型的工作狂。

阿德勒到世界各地去演讲，进行心理咨询，几乎没有在家里住过，直到去世前都每天在宾馆里忙碌地工作着。60多岁的阿德勒赫赫有名，他是当时美国收入最高的演讲家，他的演讲十分受欢迎。他不仅开展心理治疗和咨询，还积极地进行演讲和参加宴会，几乎没有空余的时间。阿德勒乘坐私人高级汽车每天到各地去上课和演讲，获得丰厚的报酬，但他并不追求过多的财富。他不仅不对穷人收取心理咨询费，还给他们免费进行心理咨询。

用语解说   关键词

☑ KEY WORD
横向视线

它是"纵向视线"的反义词。"真棒""了不起"等词语虽然是在赞美对方,但会让我们无意识地将自己的地位抬高至对方之上。意识到横向的人际关系,产生愤怒、不安和抑郁等负面感情的机会就会大为减少。

☑ KEY WORD
信赖

指不管对方采取怎样的行为,都能够相信对方。人的任何行为都带有善意这一根本意图。例如,复仇和权力斗争其实都是人为了寻求对共同体的归属而采取的手段。先从自己开始,相信对方吧!

☑ KEY WORD
同感

不是指理解对方的感情和心情,而是去关注"对方的兴趣点",即作为平等关系的同伴去关注对方所处的状况、想法、意图和兴趣点。重要的是去看对方正在打算做什么,由此理解对方的生活方式。

☑ KEY WORD
课题分离

指思考并区分面对的问题是一个对方应该解决的课题,还是自己应该解决的课题。划分清楚课题后,重要的是做到互不介入彼此应承担的课题。我们有了不越界的意识,就能够防止人际关系冲突的发生。

☑ KEY WORD
共同课题

指课题分离之后,与他人之间产生的共同课题。通过应对共同课题,我们就能够激发彼此的勇气。我们应认真倾听对方说话,推测其目标,反复沟通以达成一致目标,协商任务分配,开创共同课题。

Chapter 05

图解阿德勒心理学

第5章

促使人高效工作的方法

要让工作进展顺利,重要的是应在职场进行协作性沟通。每个人都有不同的工作烦恼,例如工作中总是出错的部下要面对上司劈头盖脸的训斥。本章将为大家解说如何激发对方的勇气,以及保持良好人际关系的要点。

关键词 → ☑ 适度距离

01 人际关系的奥义在于不远不近的距离感

与人的距离太近会出现"强加于人"的情况,太远则会出现"回避"的情况。

很多职场人的烦恼都来自人际关系,大多数人都觉得自己不擅长职场沟通。擅长沟通和不擅长沟通的人的区别在于对"距离感"的拿捏。和别人距离太近,沟通就会变成"强加于人"和"好管闲事";反之,和别人距离太远则会变成"放任"和"回避"。

保持不远不近的 "距离感"

在企业的走廊

沟通一词的英文源自拉丁语的"communicare"，意为"共享"。对身边的人的态度过于随便，态度客气，放任和回避，这些都与沟通的"共享"这一原意相距甚远。重要的是沟通应保持不远不近的"适度距离"。

沟通的要点在于保持"适度距离"

与同事、上司、部下和客户保持适度的距离感尤其重要！

关 键 词 ➡ ☑ 人和行为

02 糟糕的不是"人"，
而是非建设性"行为"

不应惩罚人，重要的是区分对待"人"和"行为"。

我们常常会混淆人和行为，认为："之所以做坏事，是因为那个人很坏。"阿德勒心理学却认为：人（行为者）和行为是截然不同的两码事。要想在职场上取得良好的沟通，我们必须要有这样的意识：糟糕的不是犯错的人，而是其非建设性行为和所犯错误。

区分对待"人"和"行为"

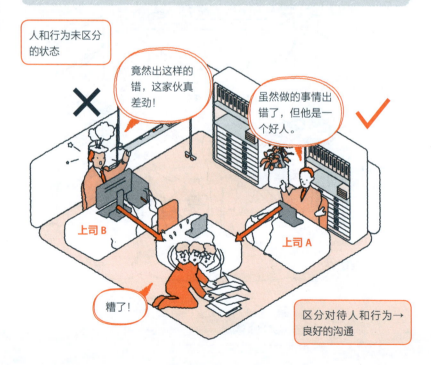

在职场沟通中，"被指出错误"并不是意味着"被攻击"。但是，有的人被指出错误时，就会感觉人格受到了攻击。这是因为被指出错误的一方没有将行为和人区分开。此外，当自己的意见与别人不同时会感到恐怖的情况也如出一辙，即将表达不同意见的行为与否定人混为一谈。

指出错误不等于攻击

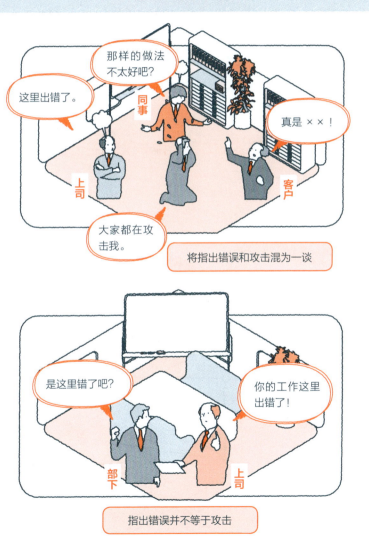

关键词 ➡ ☑ 改变自己

03 不去审判、惩罚对方，改变自己才是一种建设性的做法

审判、惩罚对方并不是一种建设性的做法，倒不如先去试着改变自己。

阿德勒心理学认为："操控并试图去改变对方是一种非建设性行为，改变自己才是一种建设性行为。"只要我们像一个法官一样判定对方"低等、错误"并试图去改变对方，就无法与对方进行良好的沟通。良好的沟通所必需的并不是去改变无法改变的对方，而是去改变能够改变的自己。

试图改变对方是一种非建设性行为

试图改变对方的人都是在审判对方。"判决"对方做错了，想"惩罚"对方，是一种破坏彼此信赖关系的非建设性行为。在职场上，我们应立刻停止审判、惩罚对方的行为，应将时间花在有益于帮助解决顾客的问题和满足顾客这一建设性行为上。

不要审判、惩罚对方

关键词 ➡ ☑ 外部因果律

04 让人发生改变的是理性和对话，并非感情

试图通过感情让人发生改变并不是一个好方法，我们应该通过理性和对话去解决问题。

有人或许有这样的经历：由于受到感情的驱使而"无意识"大叫。阿德勒心理学将这种现象称为"外部因果律"。这种场合并不是因为受到感情的驱使而"无意识"大叫，而是为了达到如自己所愿去改变对方这一目的，自发制造出感情，并将其当作工具使用。

为了达到目的而制造出感情

120

我们制造出感情,试图以此改变对方,这是一种强制任性的做法。这会让对方感到为难,因为这样就无法实现良好的沟通。阿德勒认为:"试图使用感情去改变对方是小孩子的做法,<u>成人应该通过理性和对话去解决问题。</u>"这就是实现良好沟通的秘诀。

不使用感情,而应通过理性和对话解决问题

不能使用感情去回应对方的感情。

关 键 词 ➡ ✓ 重构

05 拥有不惧怕失败、不责备、承认不完美的勇气

失败促使人成长，让我们拥有不惧怕失败、不责备、承认不完美的勇气吧！

很多人都会这样想："不能有太多的失败，一定要避免失败。"但是，我们可以将失败视为宝贵的经验，没有失败就没有成功。失败并不意味着失去和可耻，反而可以助人成长。从另一个角度看待事物，改变对事物的认识的行为就是"重构"（reframing）。

从各种角度看待事物，改变对事物的认识

我们之所以会指责别人的过错，是因为我们有一个错误的认识前提：人应该是完美的。这个世界上没有一个完美的人，这样去要求别人是愚蠢的。重要的是对自己和他人都"有勇气承认不完美"。当我们允许别人有过错时，沟通就会得到戏剧性的改善。

当允许犯错，沟通就会得到改善

关键词 → ☑ **对方的兴趣点**

06 关注对方想说的，
而非自己想知道的

要建立相互尊重、相互信赖的关系，重要的是去倾听对方说话。如果你现在是以自己为主体，那么就转换成以对方为主体吧。

要建立相互尊重、相互信赖的关系，倾听对方说话是一个有效的方法。热心倾听对方说话，就是在表达对对方的尊敬。许多优秀的销售员都努力去探听"对方想说的话"，而非去问"自己想知道的"。重要的是去关注对方的兴趣点，而不是关注自己的兴趣点。

热心倾听对方说话

 只听自己想听的内容。

 让对方说出自己想说的话，再去倾听。

要深挖出对方想说的内容，重要的是提问的方法。注意不要提特定问题，在说话开头部分尤其不要提一些模糊不清的问题，这点很重要。提特定问题又叫"封闭式提问"，是指对方用"是"或"不是"就可以结束回答。"封闭式提问"会让话题无法进展下去，而"开放式提问"会让对话不断展开。

开放式提问和封闭式提问的区别

通过5W（什么时候、在哪里、谁、为什么、干什么）1H（如何）的提问方式让对方不会以"是"或"不是"来回答。

关 键 词 ➡ ☑ **无法理解和理解**

别人的心情是无法理解的!

如果坚信自己可以"理解"对方的心情,那真是大错特错。
阿德勒为我们解释了"同感"是怎样一种状态。

人不可能理解对方的真实心情,懂得这一点非常重要。"无法理解"和"理解"别人的心情,关系到是否尊重对方。自己懂得自己的痛苦和悲伤,以自己的尺度去"理解"对方的心情,有时候会产生负面作用。

懂得对方的心情是无法理解的

要懂得:"对方的心情是无法理解的。"

阿德勒认为："同感是指通过对方的眼睛去看，通过对方的耳朵去听，通过对方的心去感受。"即便我们认为对方的体验和自己的过去相似，很多时候不说出来是出于对对方的尊重。如果对对方说"我也有相同的经历"，这样的距离感并不是对方所希望的。要建立相互尊重、相互信赖的关系，我们应与对方稍微保持一段距离，尊重对方的私人空间，这点非常重要。

获得同感的方法

对方说的话全部认同。

确实是那样的。

××是××。

当意见不一致时，就说出来，这样才能获得同感。

要获得同感。

如果我站在你的立场，或许也会有相同的感受吧！

这件事就别问了吧！

你是这样的感觉吧？

不偏听、不评价。

那很有趣吧？

通过对方的眼睛去看，通过对方的耳朵去听。

即便对话题不感兴趣，也可以尝试带着兴趣去听听看。

关键词 ➡ ☑ 铺垫语

试着换用"铺垫语"

如果说话婉转柔和，就不会让对方产生厌恶。对话时使用疑问句等委婉表达吧！

我们在跟对方商量下次会谈的时间时，一般都会说"明天我们碰头商量一下吧"。但是，如果我们改成"不好意思，我不太方便，明天进行会谈，您觉得如何"，就会让对方听起来感觉婉转柔和，这就是"铺垫语"。这种提问的方式，不会产生命令对方的语气，并会给对方留有选择的余地，尊重对方的主体性。

"铺垫语"的一个基本类型——"疑问句"

"铺垫语"会适度调节人与人之间的距离感。针对公司客户和公司同事，"铺垫语"有所不同。在添加了"实在不好意思""麻烦您了""给您添麻烦了"等"铺垫语"之后，<u>再添加一个疑问句</u>，效果会更好。此外，诸如"或许""还有一个办法"等避免断定、婉转的表达，也会有不错的效果。

添加"铺垫语"

"铺垫语"例子

关键词 ➡ ☑ 受体

朝对方的接球手套里投出信息

有时候人们会把沟通比作投接球，先看一下对方的接球手套是否打开了，再把球投出去吧。

沟通就像进行投接球，我们不能在对方戴上接球手套之前，就突然投出一个力量强劲的球。也就是说，如果我们单方面提出一个对方不关心的话题，那么只会让对方置若罔闻。我们可以把还没有准备好去倾听对方说话称为"受体（receptor）未开"，把对方做好倾听的姿势称为"受体已开"。

沟通就像进行投接球

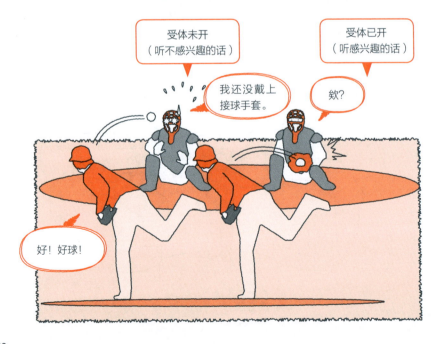

因为沟通就像进行投接球，所以我们要把球投到对方容易接住的高度。我们先要选择对方容易感兴趣的话题。当对方戴好接球手套时，我们说的内容要让对方易于理解，这是建立相互尊重、相互信赖关系的前提。为了达到这个目的，我们应放弃自我标准，不使用对方不懂的专业术语。

说话时应放弃自我标准，简明易懂

关键词 ➡ ☑ 我（我们）和信息

10 避开使用"你（你们）和信息"，改用"我（我们）和信息"

传达的信息一般都有主语。意识到谁是信息的主语非常重要。

对于部下和朋友的不好行为，因担心挫伤对方的勇气而不去提醒的做法是有问题的。但是，如果感情用事，严加斥责的话，则会引起对方的反感。想要达到以下3个目的，我们应理性地去提醒对方。第一个目的，告诉对方希望其改掉不好的行为和习惯；第二个目的，希望对方成长、进步；第三个目的，希望对方重新具有挑战精神。

应提醒对方的3个目的

① 告诉对方希望其改掉不好的行为和习惯。

整理一下，工作时会更方便。

② 希望对方成长、进步。

再加把劲的话，就会很顺利。

这样想可不好。

③ 希望对方重新具有挑战精神。

要想达到以上3个目的，我们要去提醒对方。

不挫伤对方的勇气并促使其改变行为的秘诀就是传达信息时使用"我(我们)和信息",而不是"你(你们)和信息"。"你(你们)和信息"指主语是"你(你们)"的信息。使用主语为"你(你们)"的信息是指从由上而下的视角传达信息,应避免使用。如果使用主语是"我(我们)"的信息,对方就感受不到希望自己服从的意图。

使用"我(我们)和信息"

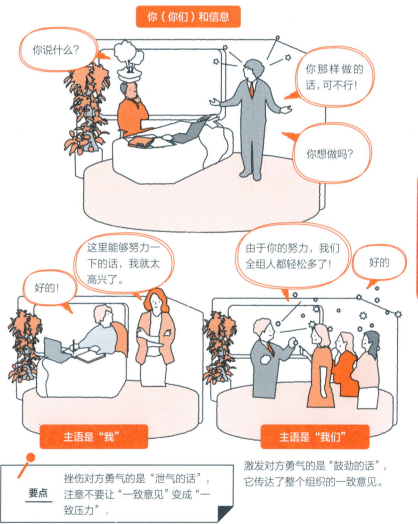

要点 挫伤对方勇气的是"泄气的话",注意不要让"一致意见"变成"一致压力"。

激发对方勇气的是"鼓劲的话",它传达了整个组织的一致意见。

关 键 词 ☑ "谢谢" "但是" "不，谢谢"

11 掌握不让对方产生厌恶情绪的正确拒绝方式

有时候我们会收到自己不感兴趣的邀请，为了不失礼，怎样才能高明巧妙地拒绝呢？

在公司就职，有时候自己的课题必须服从上司的指示。但是，除了不得已要接受的场合，我们还是想尽可能不选择服从。要做到这点，就要尽可能不让别人介入自己的课题，如果有人介入就断然拒绝，尽自己的责任去完成自己的课题。

断然拒绝，不选择服从

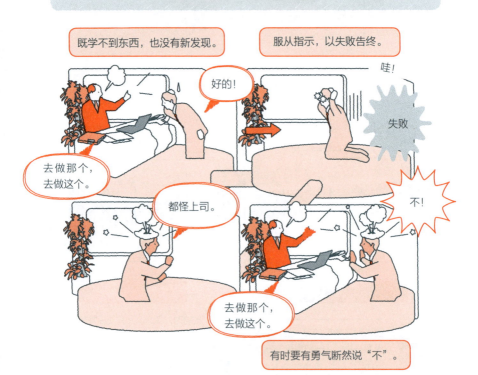

我们之所以无法做到断然拒绝,是因为不懂得拒绝的方法。只说一个"不"字太生硬,可以在"不"的后面加上"谢谢"。我们可以说"谢谢""但是""不,谢谢"。不需要编造拒绝的理由,并且在说的时候不要显得充满歉意,而要爽朗干脆,这样才不会令人不悦。

"谢谢""但是""不,谢谢"的使用方法

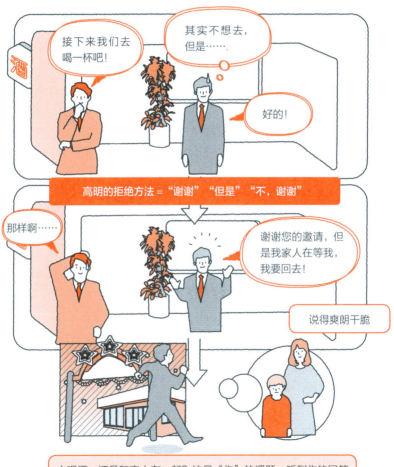

去喝酒,还是和家人在一起?这是"你"的课题;听到你的回答会产生怎样的感受,是"邀请方"的课题。

专栏 05

阿德勒的一生⑤

阿德勒和弗洛伊德曾为共同研究者，但因意见不合而分道扬镳

阿德勒和弗洛伊德都被视为"深层心理学的三大巨头"之一，他们在生前提出了完全相反的理论。两个人看似立场对立，但他们原本曾是共同研究者，弗洛伊德对阿德勒的评价也很高。

现在，《梦的解析》已经成为弗洛伊德的代表作，但在当时对它的评价让人难以恭维。阿德勒却给予了很高的评价，还写了书评。弗洛伊德本人对阿德勒的书评表示了认可，并邀请阿德勒参加精神分析学会，由此两个人开始了交流。

但是，之后由于与弗洛伊德的观点不同，阿德勒退出了精神分析学会。正是由于两个人曾在同一个学会一起学习过，阿德勒常常被认为是弗洛伊德的弟子。阿德勒在《自卑与超越》一书中明确写道："我从来没有上过弗洛伊德的课。"即便如此，弗洛伊德对阿德勒的影响还是很大。

用语解说   关键词

☑ KEY WORD
铺垫语

指给对方留下婉转柔和印象的话语。加上"因为我的关系，十分不好意思……"等铺垫语，就可以避免断定语气，给对方留有选择的余地，尊重对方的主体性。铺垫语将人与人之间的距离感调整到适度范围。

☑ KEY WORD
受体

指"对方倾听的姿势"。如果我们单方面提出一个对方不关心的话题，就会让对方置若罔闻，此时称"受体未开"。选择对方容易感兴趣的话题，当对方"受体已开"后，重要的是说话时要让对方易于理解。

☑ KEY WORD
我和信息

指主语为"我"的信息。例如，"帮了我一个大忙，我太高兴了"等表达自己心情的句子。由于我们表达的是主观感受，不是一种断定的表达，给对方留出了选择的余地，让对方易于接受。

☑ KEY WORD
你（你们）和信息

指主语为"你（你们）"的信息。例如，"你好优秀啊""你太了不起了"等表达虽然是对对方的赞美，但它是一种由上而下的评价，这就是"你（你们）和信息"的特征。这种表达让对方听起来是一种断定，因此有可能会让对方反感。

☑ KEY WORD
我们和信息

如果主语被扩大，就变成了"我们和信息"。"由于你的努力，我们全组人都轻松多了"是意识到共同体的表达。虽然这种表达比"我和信息"效果更好，但要注意不要让"一致意见"变成"一致压力"。

Chapter 06

图解阿德勒心理学

第6章

营造健全"家庭环境"的方法

一个人成长的家庭环境是形成自我的重要因素，对人产生巨大影响。在本章，阿德勒为世人讲解：父母的教导、手足间的关系会给一个人的成长带来怎样的影响？对孩子来说，什么才是理想的家庭环境？

关键词 ➡ ☑ 自我概念、对世界的认识、自我理想

01 生活风格（性格）的3个构成要素

生活风格与我们日常生活中使用的"生活方式"意思不同，阿德勒心理学认为生活风格与"性格"的意思相近。

当听到生活风格一词时，或许你想到的是包括工作方式、家庭、兴趣在内的生活样式。阿德勒心理学所指的生活风格与一般所说的生活方式有些不同，意为性格、信念（参见第 84 页）。阿德勒心理学的生活风格由 3 个要素构成，第一个要素是自我概念，诸如"我是……"，是对自我现状所抱有的信念；第二个要素是对世界的认识，如"世上（世

对于现状和理想的信念

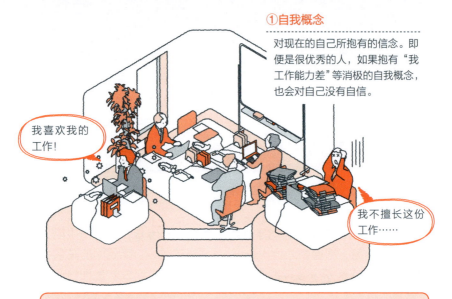

① 自我概念

对现在的自己所抱有的信念。即便是很优秀的人，如果抱有"我工作能力差"等消极的自我概念，也会对自己没有自信。

我喜欢我的工作！

我不擅长这份工作……

虽然阿德勒心理学所认为的生活风格与性格的概念相近，但它还包含了信念等要素。生活风格不同，我们对自己的评价及与周围的关系就会发生改变，它就像是一个生存方式的公式。

上的人）……"等，对包括自己在内的世界现状的信念；第三个要素是自我理想。根据自我概念和对世界的认识得出"所以我必须……""所以其他的人应该……"这一结论。自我概念和对世界的认识曾指对于现状的信念，这里指对于理想的信念。

自己的世界和对它的信念

②对世界的认识

对自己所处的世界和生活在其中的人们的现状所抱有的信念。
当一个人对世界抱有"世上只有坏人"这一认识时，他就无法与周围的人建立信赖关系。

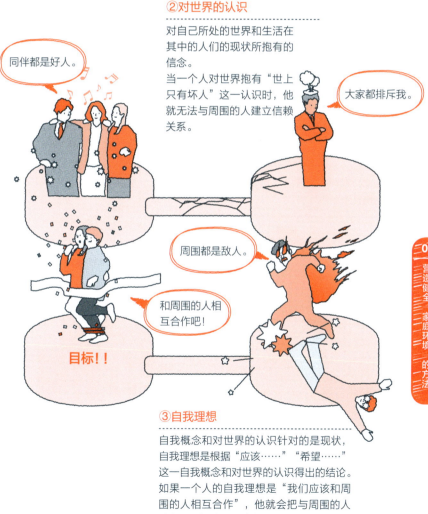

③自我理想

自我概念和对世界的认识针对的是现状，自我理想是根据"应该……""希望……"这一自我概念和对世界的认识得出的结论。
如果一个人的自我理想是"我们应该和周围的人相互合作"，他就会把与周围的人建立深厚的关系当成自己的目标。

关键词 ➡ ☑ 3个影响因素

02 生活风格的形成很大程度上受到家庭的影响

生活风格的形成受到先天因素或生长环境的影响，不过，生活风格最终是本人选择的结果。

不同的人具有不同的生活风格。一个人所固有的生活风格是如何形成的呢？有3个影响因素：第一个影响因素是来自父母的遗传和自身身体障碍的身体因素；第二个影响因素是文化因素；第三个影响因素是家族配置因素。3个影响因素都和成长环境有关。

生活风格受到身体因素、文化因素和家族配置因素的影响

生活风格的形成受到3个因素的影响，其中还包括自己无法选择的要素。

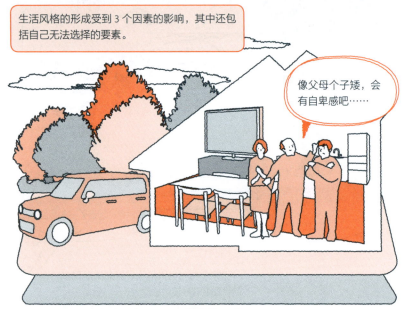

像父母个子矮，会有自卑感吧……

①身体因素

父母遗传的身体因素会对生活风格产生影响。

文化因素是指国家、地域、社会等共同体的价值观对一个人成长所产生的影响。对大家来说，家族配置是一个陌生的词汇，它包括家族构成、家族价值观、家族氛围等。家庭配置还会受到与手足之间的力量关系的影响。生活风格的形成就是这样受到身体因素、文化因素和家族配置因素的影响，但是不要忘记：生活风格最终是自己选择的结果。

②文化因素

国家和地域等共同体所特有的文化会对一个人的生活风格产生影响。

从小在平静的乡下长大，所以性格淳朴。

③家族配置因素

家族构成、父母的价值观、家族的氛围、手足之间的力量关系等会对生活风格产生影响。

06 营造健全家庭环境的方法

关 键 词 ➡ ☑ 家族配置

03 手足之间的关系比亲子关系的影响力更大

幼儿时期手足之间的争执很常见，孩子们通过这种方式学习社会经验。

　　如上一页所介绍的那样，家族构成等家族配置会对生活风格产生很大影响。家族关系包括父母与子女、祖辈与孙辈、手足之间的关系等，阿德勒心理学认为在这些关系当中手足关系带来的影响尤其突出。手足之间会竞争，<u>父母在无意识当中会促使孩子们相互竞争，孩子们也会相互争抢父母的爱</u>。

为了得到父母的爱，手足间相互争斗

父母对孩子抱有期待，当把孩子们进行比较时，就会造成手足之间的竞争。当看到其他手足得到的爱比自己多时，人就会产生嫉妒。

手足间擅长的领域一般会不一样,若长子喜欢棒球,次子则会喜欢棒球之外的足球等运动项目,或者选择艺术等领域。次子不在相同领域竞争,试图在其他领域显示自己比长子优秀。通过这种手足间的竞争关系,孩子学习社会经验,逐步形成自己的生活风格。

试图在其他领域展示自己的过人之处

手足之间即便是竞争对手的关系,但很多时候他们都有各自的特长。哥哥若学习好,弟弟就会选择体育;姐姐擅长音乐,妹妹就会选择画画。在不同的领域努力,当自己比其他手足优秀时,就会引起父母的关注。

06 营造健全"家庭环境"的方法

关键词 ➡ ☑ 对待孩子的方式

04 孩子如何对自己定位取决于父母对待孩子的方式

当父母给孩子贴上标签时，孩子就会按照标签对自己进行评价。

上一页介绍了手足之间的竞争，其根本原因之一是父母的期待和爱。父母对待孩子的方式也会对孩子生活风格的形成产生巨大影响。在孩子的眼中父母是如何对待自己的，决定了他们对自己的评价。例如，当父母给孩子贴上了"任性"的标签时，孩子也会给自己贴上同样的标签。

父母给孩子贴上的标签会产生巨大影响

看到父母对待自己的方式，孩子就会对自己进行角色定位——"我就是这样一个孩子"，父母贴的标签会对孩子产生很大的影响。

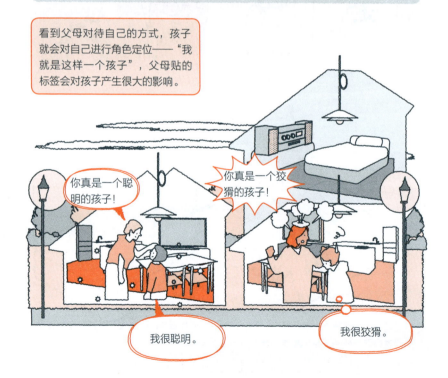

你真是一个聪明的孩子！

你真是一个狡猾的孩子！

我很聪明。

我很狡猾。

"善良的孩子""努力的孩子"等父母给孩子贴上的肯定标签,未必都会产生好的影响。为了不辜负父母的期望,有时候孩子会过度努力。孩子很单纯,因此有时候他们会深信:"如果辜负了父母的期望,就会被他们讨厌。"要知道:父母的期望有时候也会产生相反的效果。

父母的期望会导致孩子过度努力

关键词 ➡ ☑ 4个方面

05 什么是教育中重要的 4 个方面

在阿德勒心理学的基础上，阿德勒形成了相关教育哲学，认为有 4 个非常重要的方面。

阿德勒心理学对教育哲学进行了独特的阐述。阿德勒心理学认为在养育孩子的时候有 4 个非常重要的方面。这 4 个方面是尊敬、责任、社会性和生活能力。说到尊敬，似乎我们在上下等级关系中才会遇到，但是阿德勒心理学认为作为人来说，大人和孩子是平等的，父母对待孩子的时候必须尊敬。

父母应该以怎样的态度对待孩子，教会他们什么？

第一个方面：尊敬
说到尊重，我们常常会联想到上下等级关系，这里指作为人，大人和孩子是平等的。

第二个方面：责任
阿德勒心理学所认为的责任也可以指工作。我们教孩子不应逃避课题，做自己该做的事情，承担起责任。

148

第二个方面是责任。阿德勒心理学认为责任指应该做的事情,要教孩子去承担责任。第三个方面是社会性。当在社会中推行自己的主张时,我们应尽量与别人的要求相协调,不伤害别人。第四个方面是生活能力。正如在社会中生存,必须学习、读书和书写一样,在实际生活当中,教育是如何发挥作用的呢?

生存必需的四个方面

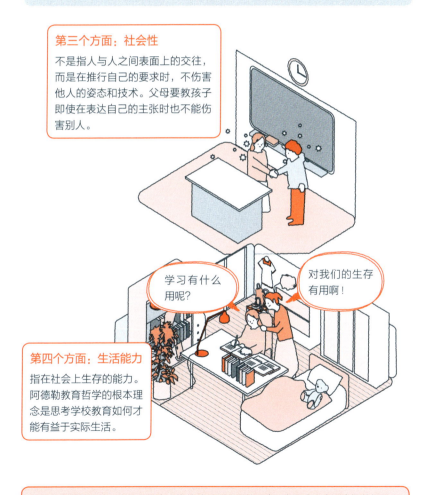

第三个方面:社会性
不是指人与人之间表面上的交往,而是在推行自己的要求时,不伤害他人的姿态和技术。父母要教孩子即使在表达自己的主张时也不能伤害别人。

学习有什么用呢?

对我们的生存有用啊!

第四个方面:生活能力
指在社会上生存的能力。阿德勒教育哲学的根本理念是思考学校教育如何才能有益于实际生活。

这四个方面是培养一个具有健康人格的孩子所必需的理念,也是成人生活幸福的钥匙。

关键词 ➡ ☑ 手足之间的人际关系

06 因出生顺序不同，性格会出现巨大差异

出生顺序决定了孩子在手足关系中所处的位置，因而手足之间的性格会出现差异。

前面给大家介绍了手足之间的人际关系会对生活风格产生很大的影响，出生顺序也与性格倾向密切相关。例如，第一个出生的孩子性格会有"希望保持第一""想受到关注""自尊心强"等特征。第二个出生的孩子想追上并超过第一个出生的孩子，而且当第一个出生的孩子获得成功时，第二个出生的孩子往往会失去自信。

出生顺序对手足之间性格倾向的影响

虽然出生在相同的家庭，但因出生顺序的不同，手足之间会形成不同的性格，独生子女也有其性格倾向。

第二个出生的孩子
- 想追上和超过第一个出生的孩子
- 当第一个出生的孩子获得成功时，会丧失自信
- 当有第三个出生的孩子时，会有压迫感
- 牵制其他手足

第一个出生的孩子
- 希望成为被关注的目标
- 觉得自己必须比其他孩子优秀
- 自尊心强，嫉妒比自己优秀的人
- 帮助弟弟和妹妹

我是第一！

我不会输给哥哥。

夹在中间的孩子在性格上会有这样的倾向：人生靠自己去开拓进取，认为并不是只有自己受到不公平对待、得不到爱。最小的孩子的行为举止就像一个婴儿，需依靠别人的帮助。独生子女往往很受宠，以自我为中心，我行我素。并不是所有的孩子都会出现这样的情况，但这可以作为了解孩子性格倾向的参考。

独生子女
· 爱撒娇
· 受到关注，认为自己很特别
· 以自我为中心，我行我素
· 无法随心所欲时，会认为不公平
· 有创造力

我可以随心所欲做我想做的。

中间的孩子
· 感到"不公平""得不到爱"
· 我可以随心所欲做我想做的
· 夹在中间，觉得不能自由行事
· 觉得在家人当中没有自己的位置
· 通过对上和对下的交流，获得沟通能力

对上和对下沟通都要注意。

我是老板！

最小的孩子
· 感觉自己的能力比谁都强
· 得到别人的支持，在家人当中充当老板的角色
· 行为举止如同婴儿
· 和长子长女联手一起对抗中间的孩子

06 营造健全"家庭环境"的方法

关键词 ☑ 因出生顺序不同，容易形成不同的行为类型

07 因出生顺序不同，行为类型会出现不同倾向

由于手足之间人际关系的不同，容易形成不同的行为类型。

在前面已介绍了手足之间不同的出生顺序所形成的性格倾向。本节要阐述的不是性格，而是因出生顺序不同，容易形成不同的行为类型。当弟弟妹妹出生后，第一个出生的孩子就会觉得父母的爱被夺走了，往往试图去引起父母的关注，同时又具有另一面：对弟弟妹妹发挥领导作用。

手足之间所特有的性格会显现在行为类型当中

第二个出生的孩子
会跟第一个出生的孩子竞争。

第一个出生的孩子
会觉得父母被弟弟妹妹抢走了，会采取引起父母关注的行为。

你看，我会做这个！

我也很厉害！

第二个出生的孩子往往和第一个出生的孩子性格相反，两个人总是相互竞争。中间的孩子独占不了父母的关注，因此感受到不安，性格会具有攻击性。但跟其他孩子相比，中间的孩子善于社交，沟通能力更强。最小的孩子虽然往往很受宠，但很多时候他们的言行会被忽视。独生子女容易受到父母的影响，因为没有年龄相仿的手足，往往不是很擅长与人交往。

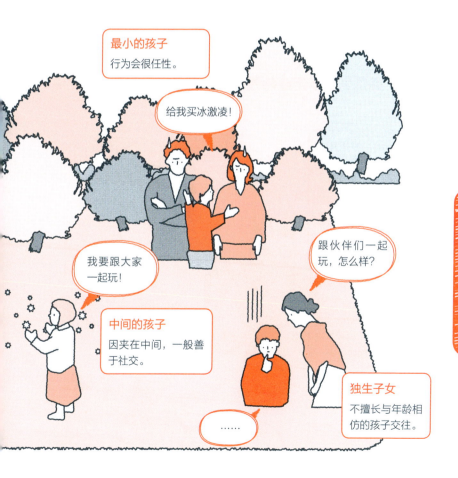

最小的孩子
行为会很任性。

给我买冰激凌！

我要跟大家一起玩！

中间的孩子
因夹在中间，一般善于社交。

跟伙伴们一起玩，怎么样？

……

独生子女
不擅长与年龄相仿的孩子交往。

06 营造健全"家庭环境"的方法

关键词 ➡ ☑ 各种各样的家庭环境

08 家庭环境对孩子的性格形成具有影响力

家庭成员的人数、手足的性别等家庭构成也会对孩子的生活风格产生重要影响。

生活中有各种各样的家庭环境，它对孩子的生活风格的形成会产生重要影响。例如，在家庭成员多的大家庭，当年龄差距很大的时候，手足之间就会分化成两个以上的派别，有的孩子会被当成独生子女。对于年龄差距很大的弟弟和妹妹，有的哥哥姐姐会担当起父母般的角色。

大家庭、都是男性手足或都是女性手足的家庭环境带来的影响

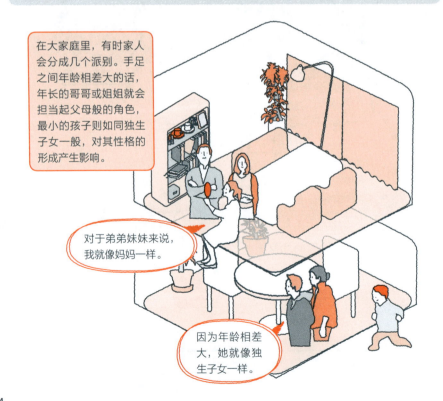

在大家庭里，有时家人会分成几个派别。手足之间年龄相差大的话，年长的哥哥或姐姐就会担当起父母般的角色，最小的孩子则如同独生子女一般，对其性格的形成产生影响。

对于弟弟妹妹来说，我就像妈妈一样。

因为年龄相差大，她就像独生子女一样。

手足当中，身体弱的孩子会得到特别照顾，当这个孩子备受父母的关注时，其他手足就会很反感。手足当中如果有孩子早逝，这个孩子就会被过度理想化，或者父母会对其他孩子过度保护。手足的性别也很重要。当其他手足都为男性时，唯一的女孩长大后就会变得很男孩子气；当其他手足都为女性时，唯一的男孩长大后就会变得很女孩子气。

关键词 ➡ ☑ 应对的姿态

09 怎样才能营造出宽松自由的家庭氛围？

建立"具有良好氛围的家庭"，会对全体家庭成员产生良好的影响。那么，我们应该做些什么呢？

我们明白了家庭的各种要素会对孩子的生活风格产生影响，还有一点就是：即便是在家庭成员当中，也容易形成上下等级关系。这样容易导致不和睦，产生不好的影响。要营造更加良好的家庭环境，我们就要用心去建立开放性和相互尊重的关系。<u>我们对任何事情都要抱有乐观的态度，对待家人要有一颗温暖的心。</u>

建立具有良好氛围的家庭

星期天我们去哪里玩一玩吧！

要不要去游乐园？

好像会下雨，室内电影院是不是更好？

理想的家庭是开放乐观、相互尊重的。当要做什么决定时，所有家庭成员都会平等、理性地商量。

当家庭成员当中有人要做什么事情时,相比结果,更加重视其应对的姿态,这才是一种比较理想的家庭环境。即便失败了,如果努力过,就没有必要去责备。当家人决定要做什么事情时,家庭成员应民主协商。好好商量就不会导致家庭成员感情用事,而会理性对待,并且在做的过程中也会相互帮助。当家人遇到困难时,家庭成员就要激发其勇气。

关键词 ➡ ☑ 不理想的家庭环境

10 营造宽松自由的家庭氛围的禁忌

封闭、悲观、互不尊重的家庭环境很难营造出宽松自由的家庭氛围。

在多彩的人生当中,不理想的家庭环境是家人之间充满不好的气氛、彼此封闭。最糟糕的家庭环境是家人之间没有交流、悲观、不尊重对方。对行为的评价只看结果,过程和努力得不到认可的时候,就容易建立起不理想的家庭环境。

家庭氛围不好,则难以度过丰富多彩的人生

不进行沟通交流的家庭不是理想的家庭。在做决定时,强势方就像独裁者一样随意做出决断。

是谁在赚钱养家!你们老老实实按我说的去做就行了!

当家中拥有权力的人做决定时，其他人只能服从。如果不进行理性的沟通，感情用事的话，家人之间就只有竞争，没有互助，相互牵制，还会让内心受到伤害。相反，过度保护和过度干涉的态度也同样对家人无益，在第157页介绍的正确激发勇气的视角非常重要。

专栏 06

阿德勒的一生⑥

不仅对全世界的人们，对自己的女儿也产生了影响

因第二天要进行演讲，阿德勒住进了宾馆。早上在散步时阿德勒突发心脏病，在送往医院的救护车上停止了呼吸。他突然去世的消息在全世界传播，许多人都沉浸在悲伤中。

虽然几乎所有的家务和育儿任务都由阿德勒的妻子承担，但是阿德勒深爱着自己的孩子们，曾因担心孩子而彻夜难眠。他尊重孩子的自由，常常倾注精力去教育孩子，在孩子们眼中他是一个令人尊敬的伟大父亲。特别是他的第二个女儿亚利山卓10岁时便参加了阿德勒和朋友间的讨论，受到父亲的影响她对心理学产生了浓厚的兴趣。

亚利山卓长大成人后也成了一名心理学家，更是精神创伤研究领域首屈一指的人物。阿德勒认为："虽然过去作为原因而存在，但并不是所有的一切都是由于过去的原因所致。"亚利山卓对于阿德勒的这一观点进行反复的研究和临床实践，最终成为一名让世人了解精神创伤的重要人物。

用语解说 关键词

☑ KEY WORD
家庭影响

生活风格的形成很大程度上受到原生家庭的影响，此外还受到父母的遗传和自身身体障碍等身体因素的影响。但是不要忘记：生活风格最终是自己选择的结果。

☑ KEY WORD
家族配置

对生活风格产生影响的"成长环境"指"文化"和"家族配置"。文化因素指国家、地域、社会等共同体的价值观对一个人成长所产生的影响。家族配置包括家族构成、家族价值观和家族氛围等。

☑ KEY WORD
对待孩子的方式

父母对待孩子的方式会对孩子生活风格的形成产生巨大影响。在孩子的眼中，父母是如何对待自己的，决定了他们对自己的评价。例如，当父母给孩子贴上了"任性"的标签时，孩子也会给自己贴上同样的标签。

☑ KEY WORD
不同出生顺序对性格特征的影响

手足之间的人际关系会对生活风格产生巨大影响。出生顺序也与性格倾向密切相关。并不是所有的孩子都会出现这种情况，但可以作为了解孩子性格倾向的参考。

Chapter 07

图解阿德勒心理学

第7章

让"人生"变得更丰富的方法

　　阿德勒说过人生有工作、交友和爱三大课题。它们都与人际关系直接相关。人际关系进展不顺利会产生各种各样的隔阂。本章将解说：阿德勒认为应该如何去解决如此艰巨的三大课题。

关键词 ➡ ☑ 三大课题

01 什么是作为生存指标的人生三大课题？

三大课题是生存的重要指标，让我们去面对它们，测试一下我们的人生满意度。

阿德勒认为人生有必须面对的三大课题，分别是：工作的课题、交友的课题和爱的课题。它们被称为人生课题，是任何人在人生道路上都必须面对的三要素。我们要意识到自己的课题，从而找到自己的人生指标。

哪个是自己关注的课题？

除了这三大课题，还有两个课题，分别是自我课题和心灵课题。自我课题顾名思义是指与自己相处，接受自己这一课题。心灵课题是指心与自然、超人类的存在和宇宙相连，通过与它们的交流，去思考人生意义的课题。这两者都是现代阿德勒心理学后来追加上去的课题。

现代阿德勒心理学追加的课题

除了人生三大课题，还有两个课题。

自我课题
面对自己的课题。

心灵课题
将超人类的存在、大自然和宇宙相连接的课题。

关键词 → ✓ 工作的课题

三大课题之一：
工作的课题

第一个课题是最容易达成，也是最基础的指标。

工作并不仅指赚钱，也指每个人的社会分工。例如，包括家庭主妇做家务和育儿，学生学习，以及学龄前儿童玩耍等在内的日常生活过程中所有的生产性活动。此外，工作还包括选举等政治活动、遵守法律等伴有社会责任的活动。

所有生产性活动＝工作

每个人每天都背负着各自的工作。

要在社会中生存，工作是与义务相近的一个课题，其本身并不要求与他人产生直接关联。也就是说，与其他课题相比，它与他人的距离较远，解决起来相对容易。反过来说，我们不能很好处理工作这一课题，很多时候都是因为自身有很严重的问题。这样的话，我们也会很难处理好其他课题。

工作的成败与其他课题产生联动效应

当处理这一课题不顺时……

也很难处理好其他课题。

07 让「人生」变得更丰富的方法

关键词 ➡ ☑ 交友的课题

三大课题之二：
交友的课题

第二个课题需要有一颗体谅关心他人的心，必须与他人建立相互信赖的关系。

顾名思义，交友是指与他人交往。虽说是交友，但它不仅指与朋友的交往，还包括与职场中的上司、部下，以及自己周边的人的交往。它是指与他人交往的所有人际关系。它需要有一颗体谅、关心他人的心，因此它比工作这一课题难度大，很多人并不擅长这一课题。

交友的课题包括所有与他人的交往

一个人一天当中会与几个人说话呢？如果我们对他人没有一颗关怀、体谅的心，就无法建立良好的人际关系。

交友这一课题进展顺利,也就意味着能够与他人相互尊重、相互信赖和相互帮助。此外,也有这样的情况:虽然表面上看起来交友这一课题进展顺利,但其实并非如此。例如,不良少年团体的成员以从事不良行为为目的聚集在一起,彼此之间并不是相互尊重的关系。当认为没有了交往价值时,彼此的关系就会立刻中断。

相互尊重是交友的课题的必需

关系建立在相互尊重基础上的状态。

以从事不良行为为目的聚集在一起的少年团体组织。

我卷入了金钱纠纷……

有什么我能做的,尽管说!

相互尊重会让人相互帮助。

我卷入了金钱纠纷……

真麻烦,已经没有交往的价值了,还是离他远点吧。

如果不是建立在信赖和尊重的基础上,彼此的关系就会立刻中断。

关 键 词 ➡ ☑ 爱的课题

三大课题之三：
爱的课题

第三个课题是关于异性关系和家人关系的，它是形成更加亲密深厚关系的必需条件。

爱的课题包括异性关系和家人关系，但不能将这两者分开作为一个单独的个体去对待，应该将它们合二为一。这个课题还包括恋人之间的交往、性关系、婚姻生活、对于自身的性角色和性价值观的思考，是三大课题中难度最大的一个。

与他人之间更加亲密深厚的关系

除了恋人关系和家人关系，爱的课题还包括对性角色和性价值观的思考。

相比交友的课题，爱的课题使人们的彼此关系更深厚，沟通更深，合作更为密切。由于面对的是关系极为亲密的人，爱的课题需要很大的勇气。现代社会价值观多样化，表现形式也各不相同。但是，不管是何种关系，如果是一种试图控制对方的关系，则并没有达成爱的课题。

爱的课题需要勇气、难度最大

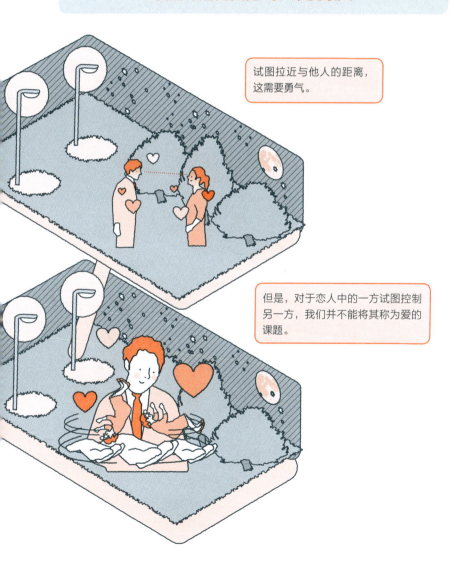

试图拉近与他人的距离，这需要勇气。

但是，对于恋人中的一方试图控制另一方，我们并不能将其称为爱的课题。

关 键 词 ➡ ☑ 朝着课题达成的目标

05 要达成三大课题，"共同体感觉"必不可少

如果有了"共同体感觉"，我们就能够朝着达成课题的目标前进。让我们以最好的方式去达成三大课题吧。

在应对三大课题的时候，最重要的是在本书中多次讲到的建立"共同体感觉"。不管是工作、职场或与身边的人交往，还是建立家人、恋人之间的信赖关系，如果建立了"共同体感觉"，我们就能够应对这些课题，并能够朝着课题达成的目标不断前进。

拥有"共同体感觉"，努力达成三大课题

拥有"共同体感觉"是达成三大课题的最好方法。

自己是共同体中的一员这一归属感让人感到轻松。自己能对共同体发挥作用这一贡献感容易建立起相互尊重的关系，同样也会让我们认为共同体会成就自己，从而建立起相互信赖的关系。阿德勒心理学认为："共同体感觉"带来的益处让三大课题更加易于达成。

"共同体感觉"带来的益处

建立"共同体感觉"可以帮助各个课题顺利达成。

关键词 ➡ ☑ 让自己的人生变得更加丰富

06 激发自己和他人勇气的重要性

缺少勇气会引发各种问题。我们要去激发勇气,并拥有"共同体感觉"。

在本书中已多次介绍过:要建立"共同体感觉",我们需要"激发勇气"。阿德勒曾这样说过:"当我们面临人生各种问题时,我可以很确信地对我们的内心状态做出这样总结:<u>出现问题行为的孩子、罪犯、神经症患者、酒精依赖症患者等人群都是因为缺少勇气,从而导致'共同体感觉'的缺失。</u>"

因为缺少勇气,出现各种问题

你们只是缺少勇气而已。

阿德勒认为所有出现问题的人都是因为缺少勇气。也就是说,如果有了勇气,任何人都能够最终解决所面临的问题。

再次强调一遍，我们不仅要激发自己的勇气，还要不挫伤别人的勇气，并不断激发别人的勇气，这点非常重要。如果养成了这样的习惯，自己就能够与身边的人建立起"共同体感觉"。也就是说，所有人都能够幸福地生活，谁都有可能让自己的人生变得更加丰富。

关键词 ➡ ☑ 友好合作的态度

07 语调和措辞中蕴含着激发夫妻间勇气的启示

在日常生活中，家人间不经意的对话中也蕴含着改善夫妻关系和建立宽松自由的家庭关系的启示。

当面对夫妻间爱的课题时，我们会有很多问题。例如，即便丈夫在公司担任管理职务，但在家里可能还是由妻子掌握管理大权。当夫妻间争吵不断，如果掌握家中大权的妻子去激发丈夫的勇气的话，也许问题就可以解决。不要带有自我怜悯或战胜配偶的想法，而要采取友好合作的态度，下决心不怕出丑，夫妻关系就会朝好的方向发展。

以合作的态度激发配偶的勇气

这种带着想让对方屈服的态度去和对方沟通，只会起到负面作用。

对方有不满的时候，正是激发对方勇气的时机，对方为了自己也会有所改变。

因对方不听自己的而生气,夫妻间会发生很多诸如此类的问题。有一个有效的对策:不使用命令的语气。"请……"或"请给我……"这类说法也带有命令的语气,很多人会无意识地使用它。"能不能请你……"等疑问句或"很高兴你能……"等传达说话人心情的说法会非常有效。

需注意无意识中的命令语气!

即便对方没有逼迫的意图,也会让对方产生这样的感受。

用疑问句或表达出自己的心情的话语,会对对方产生积极正面的作用。

关键词 ➡ ☑ 建设性的对话

为什么即使对方出轨，也不能感情用事？

即使对方出轨了，如果希望改善彼此的关系，就不应感情用事，生气发火。

　　夫妻间最微妙、最需要谨慎处理的问题之一就是出轨。被出轨的一方即便受到了伤害，也不应对出轨的一方感情用事。或许有人会感到不满：犯错的是对方，为什么我必须要忍受？但是，如果你内心非常希望得到对方的爱的话，就不要去伤害对方，因为即使你不去伤害对方，对方爱你的可能性也会很小。

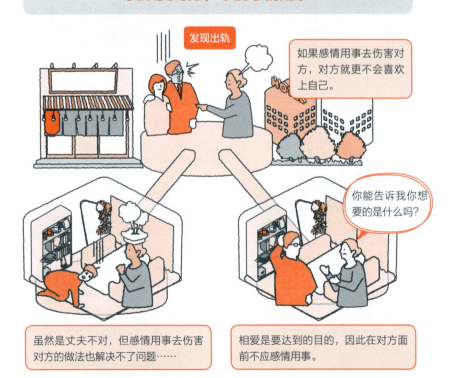

要改变对方，不能感情用事

发现出轨

如果感情用事去伤害对方，对方就更不会喜欢上自己。

你能告诉我你想要的是什么吗？

虽然是丈夫不对，但感情用事去伤害对方的做法也解决不了问题……

相爱是要达到的目的，因此在对方面前不应感情用事。

此处并不是让我们去否定和压制自己的感情，而是不应在对方面前感情用事。要解决问题和改善关系，建设性的对话才是最有效的方法。但是，因为出轨本身是一种违反了夫妻间某种契约关系的行为，因此商量一个具体惩罚对方的措施，才是一种建设性的对话。

努力展开建设性的对话，对方也有可能会改变

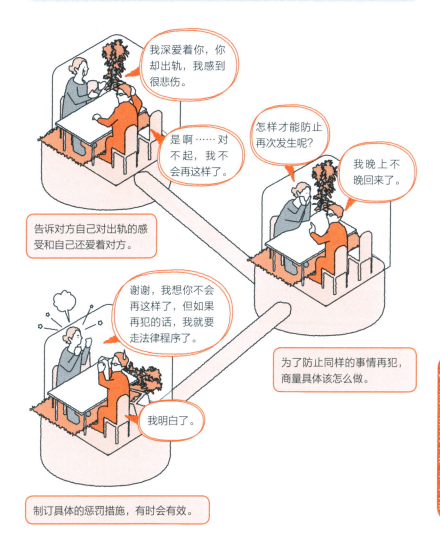

关键词 ➡ ✓ 幸运和幸福

09 "幸运"和"幸福"的区别

单纯的幸运（因幸运得到幸福感）与幸福（快乐的本质）相差甚远。

日语的"幸运"和"幸福"在字面上很相似，但幸运和幸福是不同的，两者常常会被混淆。例如，彩票中奖了，或许会让你感到幸福，但这只是一种幸运而已。这不是靠自己的努力获得，只是偶然落入自己手中的东西而已。这样说来，不幸也是一种运气，只不过幸运和不幸在本质上似是而非。

看似幸福，然而仅仅只是幸运而已

购买彩票

中奖！看似是一种幸福，但是……

心情沉浸在幸福当中，但是这并不是阿德勒心理学所指的幸福，只是一种偶然降临的幸运。

通过自己的双手获得的幸福才是真正的幸福。

由此得到幸福

激发自己和他人的勇气

在日常生活中通过自己的努力有所得才是一种幸福，人总是会能动地去适应不断变化的环境。若非如此，那种安定的幸福状态就不是一种真正的幸福。幸福存在于每天的变化当中。

幸福存在于不断变化着的状态当中

天气会不断变化

生病，治愈

工作、学习有的时候进展顺利，有的时候进展不顺利

任何事情都在不断变化着，时而顺利，时而不顺，循环往复。因此，幸福存在于这种变化当中。

关 键 词 ➡ ☑ 归属感

10 人最需要的是有归属感

为什么人应该建立"共同体感觉"？因为这是为了满足人的根本本能需求。

要喜欢自己，就必须有这样的感受："我是一个有用的人"。并且，受益方是他人，即世界。因此，内心必须爱这个世界。也就是说，"自我接纳""信赖他人"和"贡献感"是不可分割的一个整体。自己与他人之间（热爱世界的心情）总是相连的。

自己、他人和世界三者不可分割

我喜欢我自己。

不管发生什么，我都相信你。

当身边有人遇到困难时，我们就能够激发对方的勇气。

自己、他人和世界的关系如此密切相关，从这一点可以看出人最根本的本能就是有所归属。所以说，当一个人找不到归属的时候，就会自断性命。这就证明了一个人对社会的归属感比作为一个生命体的生存欲望还要强烈，归属感是人保持精神健康的一个重要因素。

归属感才是人的根本本能

专栏 07

阿德勒的一生⑦

一门不断与时俱进的学问

最近,"现代阿德勒心理学"受到越来越多的人关注。这里面含有"现代"一词,或许有人会认为:现代阿德勒心理学是在沿袭阿德勒生前言论的基础上发展而成的。

实际上,阿德勒心理学并不是一门仅将阿德勒的言论和思想发展而成的学问。阿德勒去世后,许多学者在阿德勒学说和思想的基础上进行了更深入的研究,因此这是一门伴随着时代变化而不断变化的学问。

当然,阿德勒的言论、思想和理论必定是阿德勒心理学的根基,但是时代和社会状况总是在不断变化着的,阿德勒当年的发言和理论中也会有一些并不符合现代社会发展要求的内容。也就是说,阿德勒心理学这门学问总是在不断进化以顺应时代的变化需求,从而广为人知。

用语解说 关键词

☑ KEY WORD
工作的课题

并不仅指赚钱,也可以指每个人的社会分工。例如,包括家庭主妇做家务和育儿,学生学习,以及学龄前儿童玩耍等在内的日常生活过程中所有的生产性活动。

☑ KEY WORD
交友的课题

指如何与他人交往。它不仅指与朋友的交往,还包括与职场中的上司、部下、自己周边的人的交往。可以说,它是指与他人交往的所有人际关系。

☑ KEY WORD
爱的课题

包括异性关系和家人关系,但不能将这两者分开作为一个单独的个体去对待,而应该将它们合二为一。这个课题还包括恋人之间的交往、性关系、婚姻生活,以及对于自身的性角色和性价值观的思考。

☑ KEY WORD
共同体感觉

指在家人、友人和职场等共同体当中的归属感、同感、信赖感、贡献感的总称。应对三大课题过程中最重要的就是建立"共同体感觉"。阿德勒心理学的实践是指思考如何孕育"共同体感觉"并做出努力的过程。

☑ KEY WORD
激发勇气

这是获得"共同体感觉"的一个方法,英语为"encouragement",意为鼓励自己和他人。这是人拥有健康、建设性生活所必需的一个要素,如果能够激发自己和他人的勇气,人际关系就会得到改善。

185

结束语

让更多的人建立起"共同体感觉",形成一个更大的环

感谢您读完本书,读过之后您有什么感想呢?

或许有人觉得心理学晦涩难懂,但是阿德勒解释的心理学非常通俗易懂。阿德勒心理学并没有过多地去探明"什么是人的深层心理",而是为我们的实际社会生活提出了有益的建议,并且让我们再次发现:幸福生活所必需的竟然是如此简单东西。

阿德勒心理学被称为"实践心理学",它的理论简单明快,易于理解。但是,越是简单的东西,实践起来越难,要持之以恒则更难。因此,阿德勒心理学的学习不能只停留于"理论层面上",将理论应用到实际行动当中去,并持之以恒,是非常重要的事。面对职场的同事、私交的朋友、配偶和子女,在将阿德勒心理学的学问进行不断反复实践应用的过程中,你会切身体会到其中的困难。但这正是一决胜负的地方,不因此放弃、丢弃不管,一次又一次地去修正改正,这就是被称为"实践心理学"的阿德勒心理学的真髓。

也就是说,学习阿德勒心理学不仅只是学习理论,学习其训练方法才是学习阿德勒心理学的真谛。困难的实践过程离不开同伴的支持,不要独自一人去实践阿德勒心理学,请试着找一位能够共同学习、共同训练的同伴。如果本书能够让大家迈向实践,我将不胜欣喜。

小仓广

主要参考文献

《向阿德勒学习职场沟通的心理学》
（小仓广，日经 BP 社）

《向阿德勒学习培养部下的心理学》
（小仓广，日经 BP 社）

《阿德勒：带队伍的关键法则》
（小仓广，钻石社）

《不完美的勇气："自我启发之父"阿德勒的人生课》
（小仓广，钻石社）

《不完美的勇气 2："自我启发之父"阿德勒的成长课》
（小仓广，钻石社）

《性格可以改变：解说阿德勒心理学 1》
（野田俊作，创元社）

《团体与冥想：解说阿德勒心理学 2》
（野田俊作，创元社）

《自卑感和人际关系：解说阿德勒心理学 3》
（野田俊作，创元社）

《给予勇气的方法：解说阿德勒心理学 4》
（野田俊作，创元社）

《让人生发生巨变的阿德勒心理学入门》
（岩井俊宪，神吉出版社）

《让烦恼消失的"勇气"心理学：阿德勒心理学超级入门》
（岩井俊宪、永藤薰，discover 21 出版）

《改变人生的思维模式切换法：阿德勒心理学》
（八卷秀，夏牙社）

本书共分七章，分别从阿德勒心理学的基本理念、"心"陷入负面循环的机制、"积极自我"的打造方法、改善"人际关系"的方法、促使人高效工作的方法、营造健全"家庭环境"的方法、让"人生"变得更丰富的方法方面对阿德勒的相关思想和观点进行了阐述。书中不仅使用了大量的插画，而且还结合了我们日常生活中的相关案例，使得本书的内容一目了然、通俗易懂。本书对存在陷入消极思维不能自拔、对未来感到迷茫、自我肯定感较低、人际交往总是不顺等问题的群体非常有帮助。阅读本书，不仅可以助力我们理清阿德勒心理学的主要脉络、掌握阿德勒心理学的主要内容，而且还可以将其运用到实际工作和生活当中来改善我们的人际关系、指导我们追求内在的幸福。

「人生がうまくいかない」が100%解決するアドラー心理学見るだけノート
小倉 広
Copyright@2021 by Hiroshi Ogura
Original Japanese edition published by Takarajimasha, Inc.
Simplified Chinese translation rights arranged with Takarajimasha, Inc.,
through Shanghai To-Asia Culture Communication.,Co Ltd.
Simplified Chinese translation rights@2022 by China Machine Press

北京市版权局著作权合同登记　图字：01-2022-1906号。

图书在版编目（CIP）数据

图解阿德勒心理学 /（日）小仓广著；吴伟丽译. —北京：机械工业出版社，2022.6（2024.5重印）
ISBN 978-7-111-70820-9

Ⅰ.①图… Ⅱ.①小… ②吴… Ⅲ.①阿德勒（Adler, Alfred 1870-1937）—心理学—图解
Ⅳ.①B84-64

中国版本图书馆CIP数据核字（2022）第090935号

机械工业出版社（北京市百万庄大街22号　邮政编码100037）
策划编辑：坚喜斌　　　　责任编辑：坚喜斌　刘怡丹
责任校对：薄萌钰　李　婷　责任印制：李　昂
北京联兴盛业印刷股份有限公司印刷

2024年5月第1版第3次印刷
145mm×210mm·6印张·146千字
标准书号：ISBN 978-7-111-70820-9
定价：59.00元

电话服务　　　　　　　　　网络服务
客服电话：010-88361066　　机　工　官　网：www.cmpbook.com
　　　　　010-88379833　　机　工　官　博：weibo.com/cmp1952
　　　　　010-68326294　　金　书　网：www.golden-book.com
封底无防伪均为盗版　　　机工教育服务网：www.cmpedu.com